高等职业教育工学结合系列教材

工业机器人现场编程与仿真

主 编 管菊花 郭 波
副主编 邓艳菲 万丽琴

北京理工大学出版社
BEIJING INSTITUTE OF TECHNOLOGY PRESS

内 容 简 介

本书根据教育部《高等职业学校专业教学标准》和《国家职业教育改革实施方案》的相关规定，从国家职业能力标准出发，结合作者多年的工业机器人竞赛、科研和教学经验进行编写。本书内容包含工业机器人迎宾工作编程与仿真、工业机器人涂胶工作编程与仿真、工业机器人工件拾取编程与仿真、工业机器人绘图工作站的编程与仿真、工业机器人药瓶装盒工作站、工业机器人酒精瓶装配工作站六个项目。项目以市场占有率较高的ABB工业机器人设备为蓝本，项目中的技能要求采用螺旋式上升方式，逐步培养学生的动手能力和实际解决问题的能力。

本书可作为工业机器人技术专业、机电一体化技术专业、电气自动化技术专业及装备制造大类相关专业的教材或培训用书，也可作为工业机器人应用编程"1+X"职业技能考证的参考用书。

版权专有　侵权必究

图书在版编目（CIP）数据

工业机器人现场编程与仿真／管菊花，郭波主编．
——北京：北京理工大学出版社，2022.1（2024.1重印）
ISBN 978-7-5763-0974-4

Ⅰ.①工… Ⅱ.①管… ②郭… Ⅲ.①工业机器人-程序设计-高等职业教育-教材②工业机器人-计算机仿真-高等职业教育-教材 Ⅳ.①TP242.2

中国版本图书馆CIP数据核字（2022）第027342号

责任编辑：王玲玲		**文案编辑**：王玲玲	
责任校对：刘亚男		**责任印制**：李志强	

出版发行 ／ 北京理工大学出版社有限责任公司
社　　址 ／ 北京市丰台区四合庄路6号
邮　　编 ／ 100070
电　　话 ／ （010）68914026（教材售后服务热线）
　　　　　　（010）68944437（课件资源服务热线）
网　　址 ／ http://www.bitpress.com.cn
版 印 次 ／ 2024年1月第1版第3次印刷
印　　刷 ／ 涿州市新华印刷有限公司
开　　本 ／ 787 mm×1092 mm　1/16
印　　张 ／ 10
字　　数 ／ 230千字
定　　价 ／ 45.80元

图书出现印装质量问题，请拨打售后服务热线，负责调换

前　言

工业机器人是智能制造和工业4.0的基础，已成为先进制造业中不可替代的重要装备和手段。产业的发展急需大量高素质高级技能型专门人才，人才短缺已经成为产业发展的瓶颈。本书围绕智能制造人才培养目标，将"1+X"证书技能要求有机融入教学项目中，采用拓展式阅读提升学生人文素养，为行业转型升级和区域经济发展提供必要的保障。

本书面向制造大类专业学生，项目设计合理，操作性强，主要特色有：

1. 配套在线资源，注重学生技术能力培养。工业机器人项目的设计以ABB工业机器人设备为蓝本，遵循学生认知规律，项目从"机器人本体"到"创新设计"，由易到难逐渐提升学生动手能力和实际解决问题能力，同时配套在线资源，拓展教学空间，提升学习效能。

2. 融入课程思政元素，提升学生人文素养。在拓展阅读板块贯彻落实党的二十大"教育强国、科技强国、人才强国"发展战略，从国家政策、职业素养、创新意识等角度让学生明确智能制造领域责任与担当，确保二十大精神入脑入心。

3. 书证融合，提升学生考证通过率。教材的编写内容从国家职业能力标准出发，融入了工业机器人应用编程1+X初、中级技能点，通过项目式教学、技能训练的方式完成该职业技能学习。

本书建议学时64学时。

本书由江西机电职业技术学院管菊花、南昌工程学院郭波担任主编，江西机电职业技术学院邓艳菲，江西现代职业技术学院万丽琴担任副主编。编写分工如下：管菊花和郭波共同完成了教材设计及项目一、项目五和项目六编写（其中项目六素材以江西机电职业技术学院18机器人班欧阳清同学的设计为蓝本），邓艳菲完成项目二和项目三的编写，万丽琴完成项目四的编写。本书在编写过程中，参阅了国内外出版的有关文献和资料，在此一并向相关作者表示衷心感谢！

由于机器人技术迭代跟新较快，编者水平有限，书中难免有疏漏和不妥之处，恳请广大读者提出高贵意见。

配套江西省精品在线开放课程网址：https://www.xueyinonline.com/detail/232644372

编　者

目 录

项目一　工业机器人迎宾工作编程与仿真 ⋯⋯ 1

任务一　工业机器人迎宾工作离线编程 ⋯⋯ 3
　　任务提出 ⋯⋯ 3
　　任务实施 ⋯⋯ 3
　　　1.1.1　RobotStudio 软件介绍 ⋯⋯ 3
　　　1.1.2　创建工业机器人系统 ⋯⋯ 4
　　　1.1.3　创建工业机器人运动轨迹 ⋯⋯ 5
　　　1.1.4　仿真运行 ⋯⋯ 6

任务二　工业机器人迎宾示教编程 ⋯⋯ 7
　　任务提出 ⋯⋯ 7
　　任务实施 ⋯⋯ 8
　　　1.2.1　虚拟示教器与实际示教器的异同 ⋯⋯ 8
　　　1.2.2　工业机器人操作安全 ⋯⋯ 9
　　　1.2.3　示教编程 ⋯⋯ 11

　　知识拓展 ⋯⋯ 14
　　　1.3.1　工业机器人的手动操作 ⋯⋯ 14
　　　1.3.2　工业机器人重新启动 ⋯⋯ 19
　　　1.3.3　ABB 机器人数据的备份与恢复 ⋯⋯ 20
　　　1.3.4　ABB 机器人转数计数器更新操作 ⋯⋯ 21

　　任务考核表 ⋯⋯ 23
　　拓展阅读 ⋯⋯ 23

项目二　工业机器人涂胶工作编程与仿真 ⋯⋯ 25

任务一　工业机器人涂胶工作离线编程 ⋯⋯ 27
　　任务提出 ⋯⋯ 27
　　任务实施 ⋯⋯ 27
　　　2.1.1　工业机器人模型的选择与导入 ⋯⋯ 27
　　　2.1.2　工业机器人工件坐标及轨迹程序建立 ⋯⋯ 32
　　　2.1.3　轨迹程序的建立 ⋯⋯ 34
　　　2.1.4　仿真运行与视频录制 ⋯⋯ 37
　　　2.1.5　难点探讨 ⋯⋯ 39
　　　2.1.6　练习 ⋯⋯ 40

  任务二 工业机器人涂胶工作示教编程 ································ 41
   任务提出 ·· 41
   任务实施 ·· 41
    2.2.1 关键程序数据的设定 ·· 41
    2.2.2 涂胶工作站的示教编程 ·· 48
    2.2.3 难点探讨 ·· 53
    2.2.4 轨迹练习 ·· 54
  知识拓展 ·· 54
    2.3.1 工业机器人坐标系 ·· 54
    2.3.2 RAPID 语言简介 ·· 56
  任务考核表 ··· 60
  拓展阅读 ·· 61

项目三 工业机器人工件拾取编程与仿真 ································ 63
  任务一 工业机器人工件拾取离线编程 ·································· 64
   任务提出 ·· 64
   任务实施 ·· 65
    3.1.1 创建用户工具 ··· 65
    3.1.2 基于事件管理器的拾取工具运动机构创建 ················· 69
    3.1.3 拾取练习 ·· 75
  任务二 工业机器人工件拾取示教编程 ·································· 76
   任务提出 ·· 76
   任务实施 ·· 76
    3.2.1 ABB 标准 I/O 板配置 ··· 76
    3.2.2 配置拾取 I/O 信号 ··· 78
    3.2.3 工业机器人拾取路径示教编程 ·································· 79
  知识拓展 ·· 83
    3.3.1 工业机器人 I/O 信号配置 ·· 83
    3.3.2 I/O 信号的监控与操作 ·· 86
  任务考核表 ··· 87
  拓展阅读 ·· 88

项目四 工业机器人绘图工作站的编程与仿真 ······················· 91
  任务一 创建离线轨迹曲线及路径 ·· 93
   任务分析 ·· 93
   任务实施 ·· 93
    4.1.1 创建离线轨迹曲线 ·· 93
    4.1.2 设置编程环境 ··· 94
    4.1.3 自动生成离线轨迹路径 ·· 94
  任务二 离线轨迹目标点调整及程序优化 ································ 95

任务分析	95
任务实施	96
4.2.1 离线轨迹目标点调整及轴配置	96
4.2.2 机器人运动轨迹的优化	98

任务三 机器人离线轨迹编程辅助工具 101

任务分析	101
任务实施	101
4.3.1 创建碰撞监控	101
4.3.2 机器人 TCP 跟踪	103

任务考核表 107
拓展阅读 108

项目五 工业机器人药瓶装盒工作站 111

任务一 运用建模功能创建药瓶及包装盒 113

任务提出	113
任务实施	113
5.1.1 药瓶等同实体建模	113
5.1.2 药瓶包装盒建模	114

任务二 工业机器人药瓶装盒 Smart 组件创建 116

任务提出	116
任务实施	116
5.2.1 创建抓取 Smart 组件	116
5.2.2 创建 sc_抓取的属性与连接	119
5.2.3 创建 sc_抓取的信号和连接	119

任务三 工业机器人药瓶搬运工作站路径规划与调试 121

任务提出	121
任务实施	121
5.3.1 偏移函数	121
5.3.2 Smart 组件信号与工业机器人信号关联	122
5.3.3 药瓶搬运工作站路径规划	122

任务考核表 124
拓展阅读 125

项目六 工业机器人酒精瓶装配工作站 127

任务一 工业机器人酒精瓶抓取 Smart 组件创建 128

任务分析	128
任务实施	128
6.1.1 创建抓取 Smart 组件	128
6.1.2 创建 sc_抓取的属性与连接	132
6.1.3 创建 sc_抓取的信号和连接	133

3

任务二　创建酒精瓶输送 Smart 组件 ………………………………………… 135
任务分析 ………………………………………………………………… 135
任务实施 ………………………………………………………………… 135
6.2.1　创建酒精瓶输送 Smart 组件 ……………………………… 135
6.2.2　创建酒精瓶输送 Smart 组件的属性与连接 ……………… 138
6.2.3　创建 sc_抓取的信号和连接 ………………………………… 139

任务三　酒精瓶装配工作站离线编程 ………………………………………… 141
任务分析 ………………………………………………………………… 141
任务实施 ………………………………………………………………… 141
6.3.1　Smart 组件和工业机器人信号连接 ………………………… 141
6.3.2　流程控制指令 ………………………………………………… 142
6.3.3　等待指令 ……………………………………………………… 143
6.3.4　其他常用指令 ………………………………………………… 144
6.3.5　酒精瓶装配工作站离线编程 ………………………………… 146

任务考核表 ………………………………………………………………………… 147
拓展阅读 ………………………………………………………………………… 148

参考文献 ………………………………………………………………………… 150

项目一
工业机器人迎宾工作编程与仿真

项目引入

工业机器人作为先进制造业中不可替代的重要装备和手段,已成为衡量一个国家制造业水平和科技水平的重要标志。机器人配以不同周边设备,即可实现相应的自动化生产。

本项目重点培养学生对工业机器人的本体操控能力,为学生在不同领域应用工业机器人奠定坚实基础。

项目引入

知识目标

1. 熟悉 RobotStudio 软件的操作界面;
2. 熟悉示教器的使用;
3. 掌握工业机器人运动轨迹规划及调试运行的方法。

能力目标

1. 能够运用 RobotStudio 离线软件创建工业机器人系统;
2. 能够运用示教器精准示教;
3. 能够规划并运行工业机器人的运动轨迹。

工业机器人应用编程"1+X"证书技能要求

工业机器人应用编程"1+X"证书（初级）技能要求	
1.1	工业机器人运行参数设置
2.1	工业机器人手动操作
2.2	工业机器人试运行
3.1	基本程序示教编程

 职业素养的养成

1. 在操控工业机器人过程中，严格遵照国家标准（工业机器人安全规范）和企业操作规范，培养安全实验、规范操作的良好习惯。

2. 在机器人手动操作过程中，培养学生学会观察、思考并勇于探究与实践的科学精神。

 学习导图

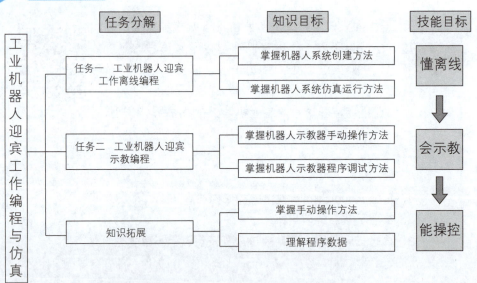

项目一　工业机器人迎宾工作编程与仿真

任务一　工业机器人迎宾工作离线编程

任务提出

Studio 软件是 ABB 公司专门开发的工业机器人离线编程软件。该软件不仅可以用于模拟 ABB 机器人的运动、操作和控制等过程，还可以搭建机器人的工作环境，在不影响实际生产的前提下，对机器人进行编程和运动轨迹优化，从而提高实际生产效率。

本任务主要完成机器人本体操控，通过熟悉 RobotStudio 软件来掌握离线编程方法。本任务重点学习以下内容：

1. 创建工业机器人系统；
2. 创建工业机器人迎宾运动轨迹；
3. 工业机器人迎宾工作仿真运行。

任务实施

任务实施

1.1.1　RobotStudio 软件介绍

RobotStudio 可以实现以下主要功能：CAD 导入、自动路径生成、碰撞检测、在线作业、模拟仿真、应用功能包等。RobotStudio 软件安装见表 1－1。

表 1－1　RobotStudio 软件安装

操作步骤	操作说明	操作示意图
1. 软件安装	双击运行"setup"，按提示一步步操作，完成安装，如右图所示。 注意：电脑用户名和软件安装路径一定不能出现中文。	按提示一步步操作，完成安装
2. 软件界面	启动 RobotStudio 软件后，RobotStudio 软件主界面如右图所示，包括菜单栏、用户界面和子菜单。子菜单主要包括打印、共享、帮助等。 试一试： ①改变主体颜色。 ②修改用户文件夹。	菜单栏 用户界面 子菜单

3

续表

操作步骤	操作说明	操作示意图
3. 常用快捷键操作	Ctrl＋Shift＋鼠标左键：拖动主画面视角； Ctrl＋Shift＋鼠标滚轮：主画面视角放大/缩小； Ctrl＋Shift＋R：快速添加指令； 单击第一个目标点＋Shift＋单击最后一个目标点：选取所有目标点。 如右图所示。	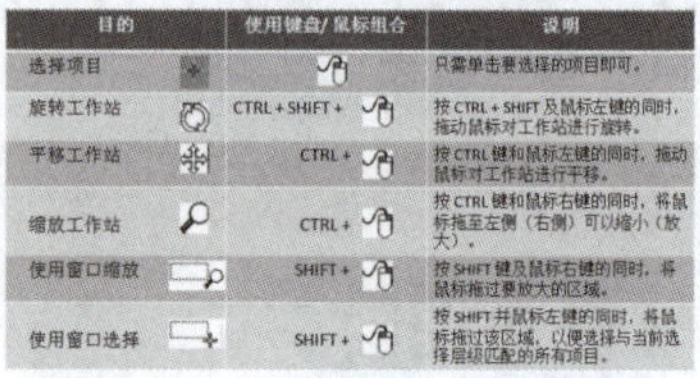 目的 | 使用键盘/鼠标组合 | 说明 选择项目 | | 只需单击要选择的项目即可。 旋转工作站 | CTRL＋SHIFT＋ | 按CTRL＋SHIFT及鼠标左键的同时，拖动鼠标对工作站进行旋转。 平移工作站 | CTRL＋ | 按CTRL键和鼠标左键的同时，拖动鼠标对工作站进行平移。 缩放工作站 | CTRL＋ | 按CTRL键和鼠标右键的同时，将鼠标拖至左侧（右侧）可以缩小（放大）。 使用窗口缩放 | SHIFT＋ | 按SHIFT键及鼠标右键的同时，将鼠标拖过要放大的区域。 使用窗口选择 | SHIFT＋ | 按SHIFT并鼠标左键的同时，将鼠标拖过该区域，以便选择与当前选择层级匹配的所有项目。
4. 软件操作常见问题	由于误操作而无法找到对应的操作对象或无法查看相关信息，怎么办？ 单击菜单栏，找到“窗口布局”，即可查找到误操作对象或关闭信息，如右图所示。	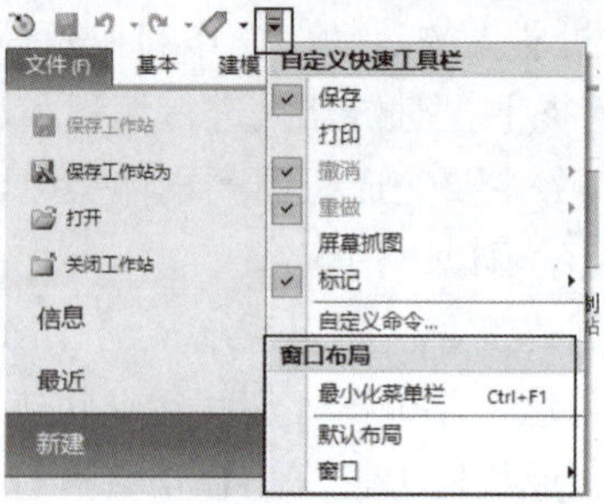

1.1.2 创建工业机器人系统

要创建工业机器人迎宾工作站，首先需要创建工业机器人系统，操作步骤见表1—2。

表1—2 创建工业机器人系统

操作步骤	操作说明	操作示意图
1. 创建机器人工作站	在“文件”功能选项卡中，单击“新建”选项，单击“空工作站”→“创建”按钮，或双击“空工作站”，创建工作站，如右图所示。	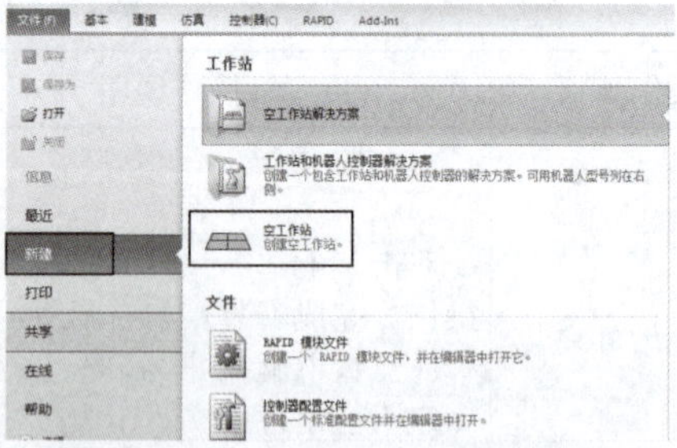
2. 导入机器人模型	在“基本”选项卡下打开“ABB模型库”，选择实验室里机器人的型号“IRB1410”，导入工业机器人，如右图所示。	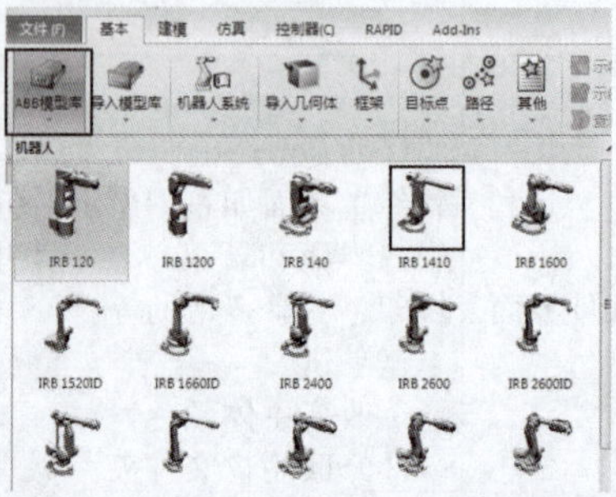

续表

操作步骤	操作说明	操作示意图
3. 创建机器人系统	在"基本"选项卡下选择"机器人系统"中的"从布局…",在弹出的对话框中,按照向导修改系统名称、保存位置等,完成系统创建,如右图所示。创建完成后,右下角"控制器状态"的颜色变为绿色。 注意: ①系统名称不能有中文,否则无法创建系统。 ②如果在建立工业机器人系统后,发现机器人摆放位置不合适,要进行调整,则需重新确定机器人在整个工作中的坐标位置。	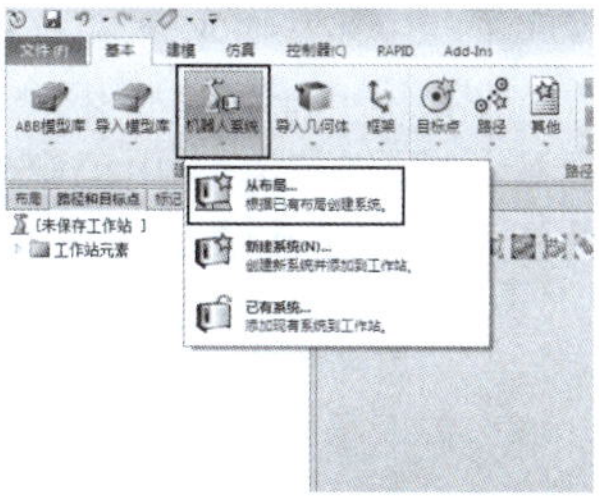 (a) 从布局创建系统 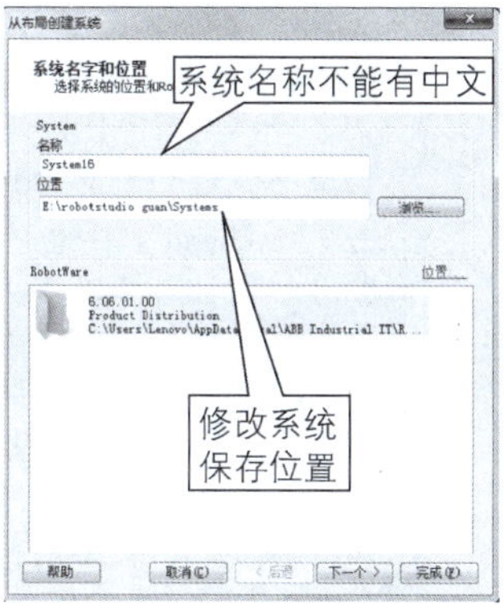 (b) 修改系统名称、位置

1.1.3 创建工业机器人运动轨迹

创建工业机器人迎宾运动轨迹,操作步骤见表1—3。

表1—3 创建工业机器人运动轨迹

操作步骤	操作说明	操作示意图
1. 创建空路径	在"基本"功能选项卡中,单击"空路径",可以在"路径和目标点"选项卡中的"路径与步骤"中看到新添加的路径"Path_10",如右图所示。	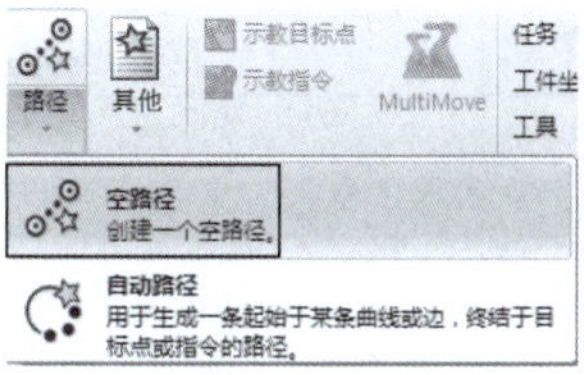 (a) 创建空路径  (b) 新添路径

续表

操作步骤	操作说明	操作示意图
2. 设置示教指令中的相关参数	在"基本"功能选项卡中，选择"工件坐标"和"工具"等参数，修改指令中的运动指令、速度、转弯数据等参数，如右图所示。 思考：改变"v"参数，观察机器人运动变化。	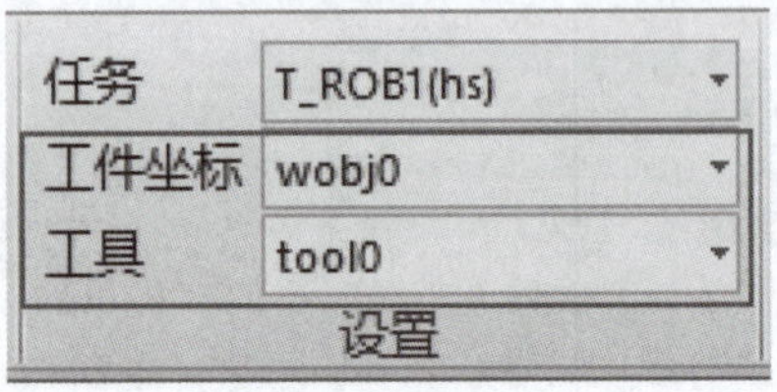 任务 T_ROB1(hs) 工件坐标 wobj0 工具 tool0 设置
3. 示教指令	在"基本"功能选项卡中，单击"Freehand"中的"手动线性"按钮，手动操作机器人到挥手的第一个位置后，单击"示教指令"按钮，这时可以在"路径和目标点"选项卡的新添路径"Path_10"下看到新插入的运动指令，如右图所示。使用同样的方法示教机器人的第二个位置。	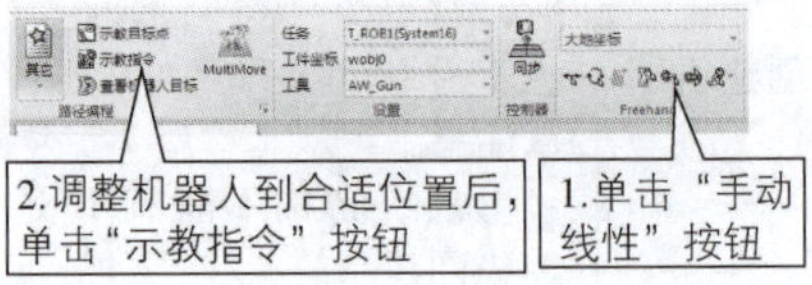 （a）示教指令 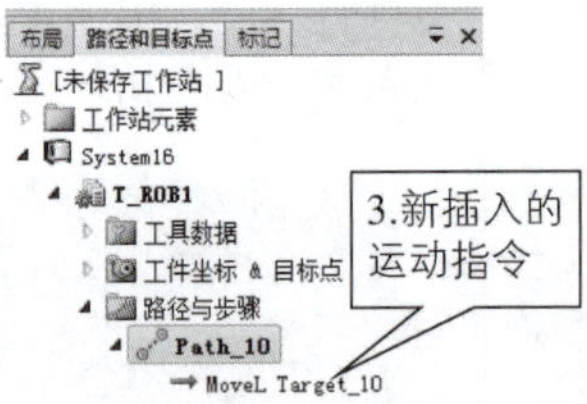 （b）添加路径

1.1.4 仿真运行

仿真运行工业机器人迎宾工作站，操作步骤见表1－4。

表1－4 迎宾工作站仿真运行

操作步骤	操作说明	操作示意图
1. 同步工作站	仿真运行前，需将工作站同步到RAPID程序，有两种方法，如右图所示。 方法一：在"基本"功能选项卡中，单击"同步"按钮，选择"同步到RAPID"。 方法二：在"路径和目标点"选项卡下，鼠标右击"Path_10"，在快捷菜单中选择"同步到RAPID"。	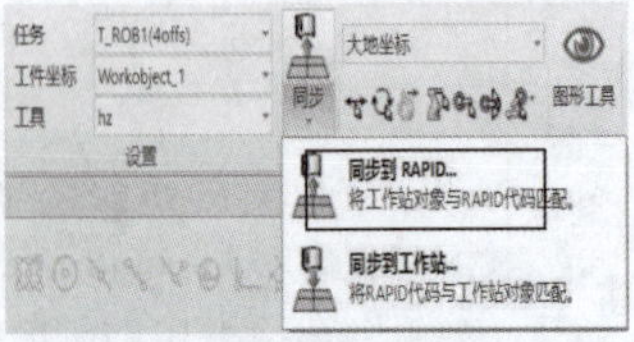 （a）方法一 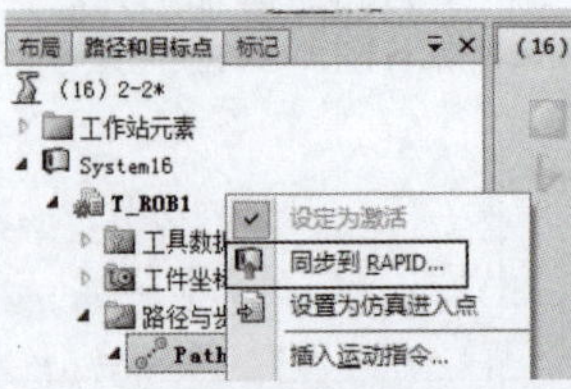 （b）方法二

项目一　工业机器人迎宾工作编程与仿真

续表

操作步骤	操作说明	操作示意图
2. 设置同步参数	在弹出的对话框中，勾选需要同步的数据，如右图所示，单击"确定"按钮。	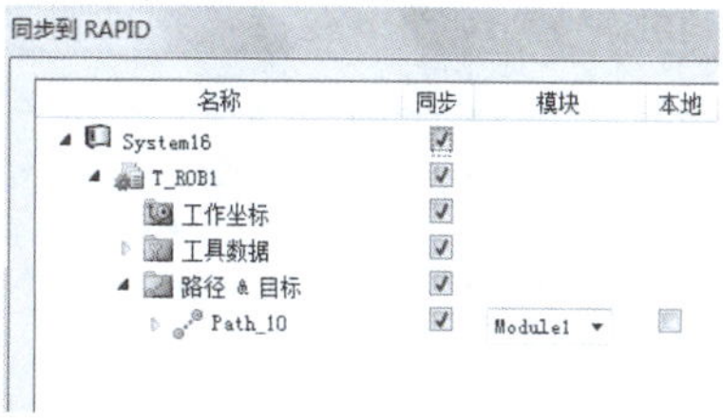
3. 仿真设定	在"路径和目标点"选项卡下，鼠标右击"Path_10"，在快捷菜单中选择"设置为仿真进入点"，如右图所示。	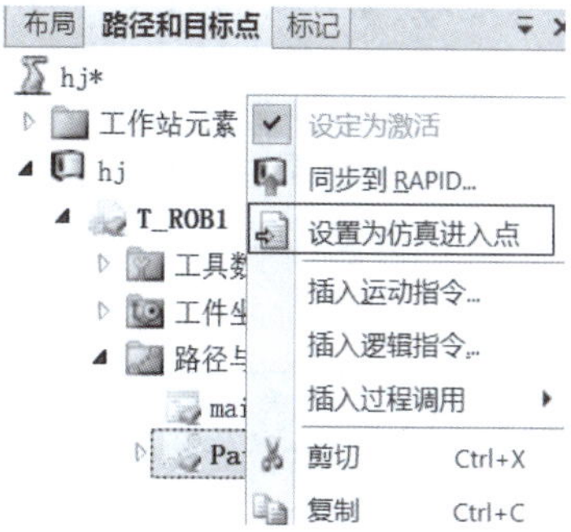
4. 仿真运行	单击"仿真设定"选项卡，在弹出的对话框中，可以修改运行模式。 在"仿真"选项卡下，单击"播放"按钮，工业机器人即可仿真运行，如右图所示。	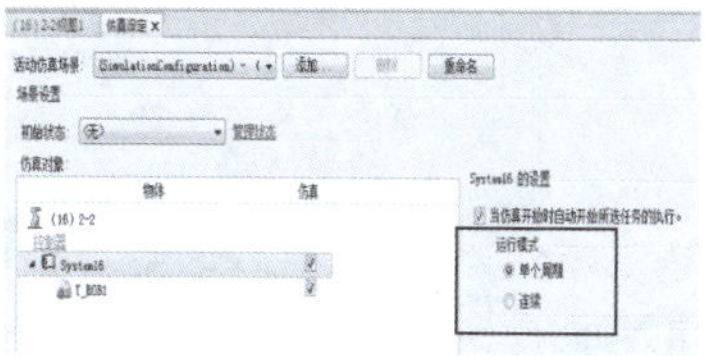 （a）运行模式设定 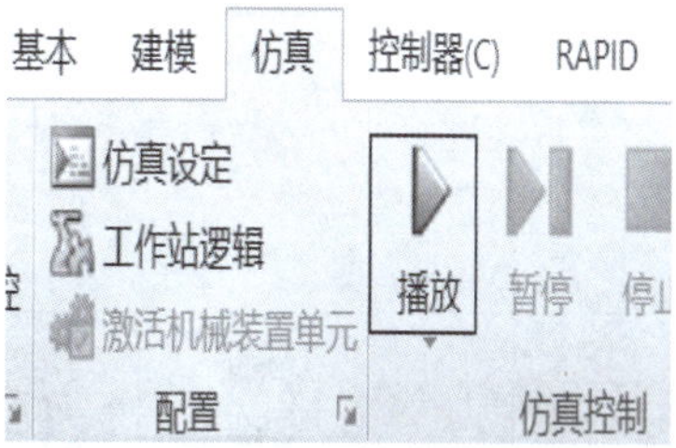 （b）仿真运行

任务二　工业机器人迎宾示教编程

任务提出

示教器又叫示教编程器（以下简称示教器），是机器人控制系统的核心部件，是进行机

7

器人的手动操作、程序编写、参数配置及监控用的手持装置。本任务主要通过操控示教器来完成工业机器人迎宾任务，本任务重点学习以下内容：

1. 能够熟练操控示教器，实现机器人手动操作；
2. 能够用示教器创建例行程序；
3. 能够用示教器调试程序。

任务实施

1.2.1 虚拟示教器与实际示教器的异同

虚拟示教器与实际示教器的比较见表1－5。其中，"使能"按钮是工业机器人为保证操作人员人身安全而设置的。只有在按下"使能"按钮，并保持在电动机开启的状态，才可对机器人进行手动的操作与程序的调试。

虚拟示教器

表1－5 虚拟示教器与实际示教器比较

内容	虚拟示教器	实际示教器
1. 操作界面		
2. "使能"按钮		

续表

内容	虚拟示教器	实际示教器
3. 控制器	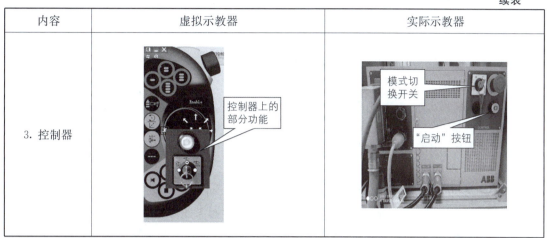	

示教器操作界面说明：

①主菜单：显示机器人各个功能主菜单界面。

②操作员窗口：机器人与操作员交互界面，显示当前状态信息。

③状态栏：显示机器人当前状态，如工作模式、电动机状态、程序状态、报警信息等。

机器人安全操作规范

④"关闭"按钮：关闭当前窗口按钮。

⑤快捷键：手动操作切换快捷按钮。

⑥操纵杆：手动操作机器人摇杆。摇杆的摇动幅度决定了机器人的运动速度，摇杆幅度越大，机器人运动越快；反之，越慢。

⑦调试程序按钮：四个按钮用于程序的调试，包括"启动"按钮（开始执行程序）、"步退"按钮（使程序后退一步的指令）、"步进"按钮（使程序前进一步的指令）、"停止"按钮（停止程序执行示教器按钮的功能）。

⑧快速设置菜单：快速设置机器人功能界面，如速度、运行模式、增量等。

⑨任务栏：当前打开界面的任务列表，最多支持打开6个界面。

⑩"使能"按钮："使能"按钮是工业机器人为保证操作人员人身安全而设置的。只有在按下"使能"按钮，并保持在电动机开启状态，才可对机器人进行手动的操作与程序的调试。

⑪模式切换开关：包括自动模式（用于正式生产，但是编辑程序功能被锁定）、手动模式（常用于创建机器人程序和调试机器人系统）、手动全速模式（常用于测试程序）。

1.2.2 工业机器人操作安全

工业机器人危险系数大，实践环节安全要求高，无论什么时候进入机器人工作范围，都可能引起严重事故，因此，在学习机器人时，对机器人进行任何操作都必须注意安全，确保人身安全和机器安全。下面重点介绍操作过程中的安全注意事项。

1. 操作要求

在进行机器人的安装、维修、保养时，切记要关闭总电源，带电作业可能会产生致命性后果。如果不慎遭高压电击，可能会导致心跳停止、烧伤或其他严重伤害。在收到停电通知时，要预先关断机器人的主电源及气源。突然停电后，要在来电之前预先关闭机器人的主电源开关，并及时取下夹具上的工件。

2. 机器人操作与运动注意事项

①首先确认"紧急停止"按钮功能是否正常。检查所有机器人操作必需的开关、显示及信号的名称与其功能。

②要确认机器人原点是否正确，各轴动作是否正常。在操作过程中，操作人员应保持始终从正面看机器人。

③在示教作业中，当机器人出现不正常的运动时，必须很快速且容易地执行"紧急停止"操作。

④示教器用完后，须放回原处，并确保放置牢固。如不慎将示教编程器放在机器人上、夹具上或地上，当机器人运动时，示教编程器可能与机器人或夹具发生碰撞，从而引发人身伤害或设备损坏事故；防止示教器意外跌落造成机器人误动作，从而引发人身伤害或设备损坏事故。

⑤如需在紧急停止后重启机器人，请在安全围栏外复位和重启。同时，确认所有安全条件已满足，确认机器人运动范围、安全围栏内没有人员和障碍物遗留。

⑥在机器人运动示教完成后，把机器人的软限位设定在机器人示教运动范围之外一段距离的地方。

⑦如果在保护空间内有工作人员，则手动操作机器人系统。

⑧当进入保护空间时，准备好示教器，以便随时控制机器人。

⑨注意旋转或运动的工具，例如切削工具和锯，确保在接近机器人之前，这些工具已经停止运动。

紧急情况处理：

当发生人身或设备紧急情况时，必须立刻冷静地按下机器人控制柜、示教器上的任意一处"紧急停止"按钮，马上停止机器人，操作见表1—6。

表1—6　紧急停止操作

操作内容	紧急停止操作
通过控制柜紧急停止	

续表

操作内容	紧急停止操作
通过示教器紧急停止	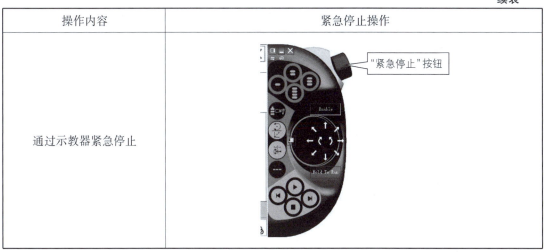 "紧急停止"按钮

1.2.3 示教编程

工业机器人迎宾工作站的示教编程操作见表1—7。

表1—7 示教编程

操作步骤	操作说明	操作示意图
1. 更改示教器语言为中文	ABB机器人的参数设置、程序编写只有在手动操作方式下才可以更改。所以，首先设置机器人的操作方式为手动方式。 单击"ABB"菜单，选择"Control Panel"，选择新对话框中的"Language"，如右图所示，出现语言设置界面，选择"Chinese"，单击"OK"按钮，弹出对话框，单击"Yes"按钮，虚拟示教器自动关闭。重新打开虚拟示教器，界面将更换为中文显示。	（a）控制面板 （b）设置语言

11

续表

操作步骤	操作说明	操作示意图
2. 新建程序模块	单击"ABB"按钮,选择"程序编辑器",在弹出的对话框中,单击"模块",创建新的程序模块。 弹出新的对话框,单击"文件",选择"新建模块",如右图所示,在弹出的对话框中,将新模块命名为"hs",单击"确定"按钮。	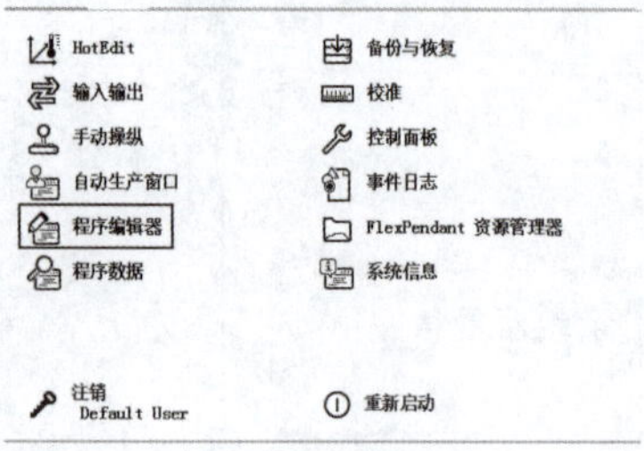 (a)程序编辑器 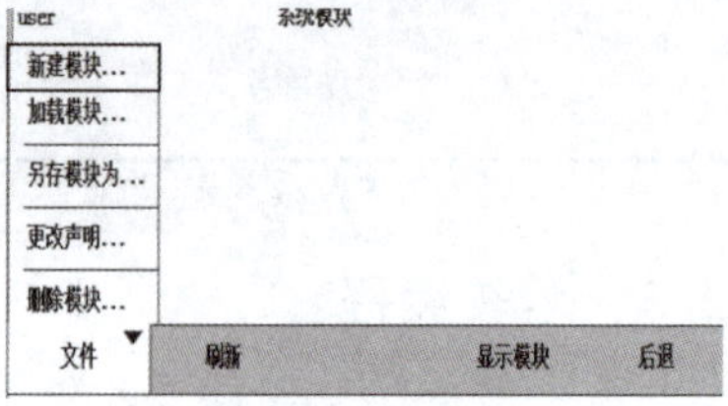 (b)新建模块
3. 新建例行程序	双击新建模块"hs",弹出对话框,单击"例行程序",在新的对话框中,单击"文件",选择"新建例行程序",如右图所示,弹出新对话框,为新程序命名"a",单击"确定"按钮。	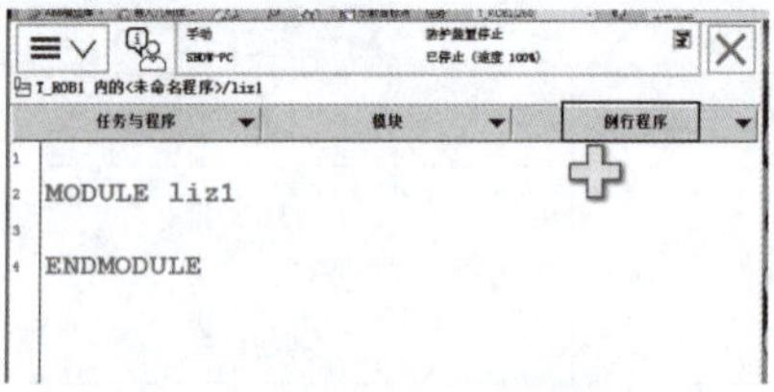 (a)单击"例行程序" 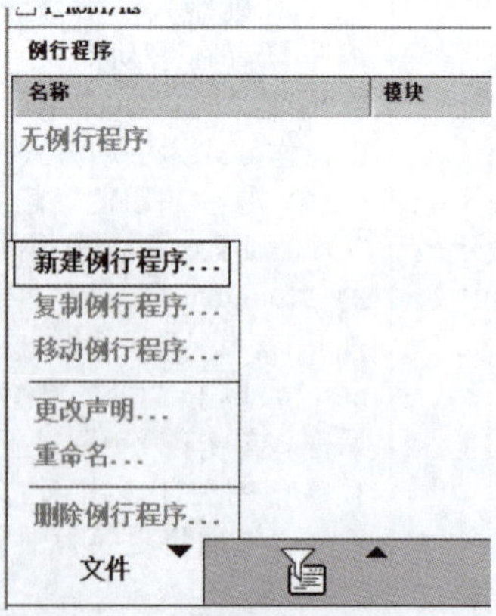 (b)新建例行程序

项目一　工业机器人迎宾工作编程与仿真

续表

操作步骤	操作说明	操作示意图
4. 添加运动指令	双击新建例行程序"a",弹出对话框,单击"添加指令"按钮,选择"MoveJ",如右图所示。	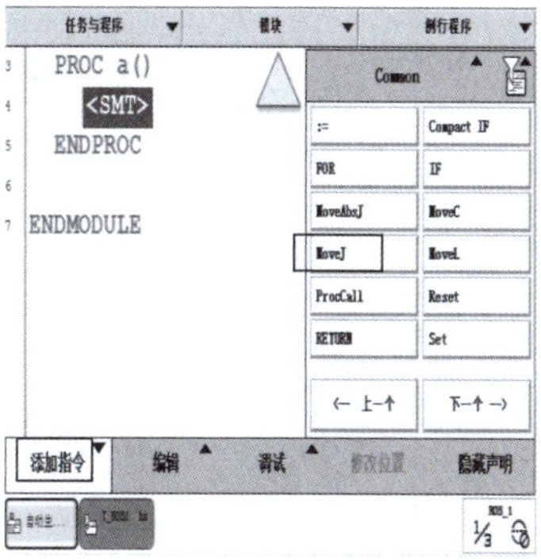
5. 修改程序参数	双击添加的程序,可以修改程序中的"v""z""tool0"等参数,如右图所示。手动操作机器人到挥手的第一个位置后,单击"修改位置"按钮,在弹出的对话框中单击"修改"按钮。使用同样的方法示教挥手的第二个位置。	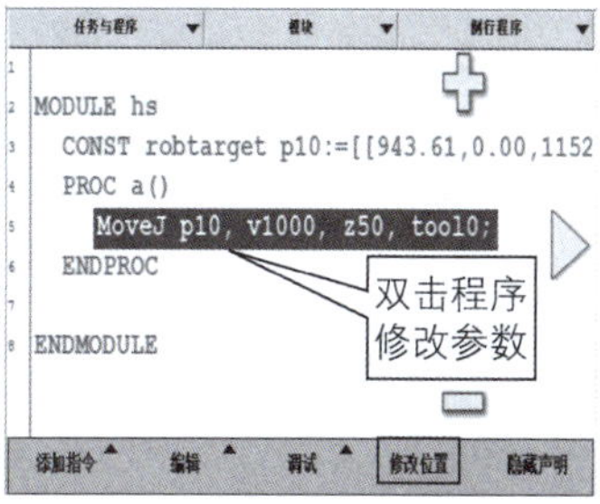
6. 移动指针至程序	单击"调试"按钮,选择"PP移至例行程序",如右图所示。关闭该对话框,重新双击进入该程序,即可看到PP指针指向程序第一行。	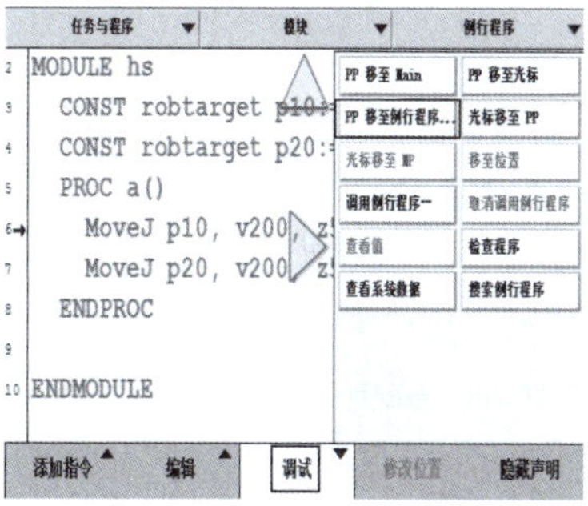
7. 程序运行	单击界面中的快速设置菜单,选择"单周"或"连续"运行方式,如右图所示。 注意:使能器、电动机开启。	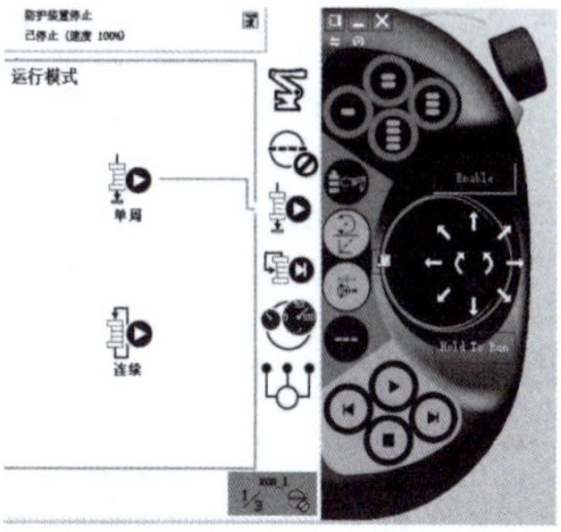

续表

操作步骤	操作说明	操作示意图
7. 程序运行	单击示教器上的"调试"按钮，即可运行程序，如右图所示。各按钮含义： 1—程序运行； 2—执行下一条指令； 3—程序停止； 4—执行上一条指令。	

知识拓展

1.3.1 工业机器人的手动操作

1. 工业机器人的 TCP

工业机器人的使用方法就是要装上工具来操作对象，那么如何描述工具在空间的位姿呢？显然，方法就是在工具上绑定（定义）一个坐标系，即工具坐标系（Tool Coordinate System，TCS），这个工具坐标系的原点就是所谓的 TCP（Tool Center Point，工具中心点）。在进行机器人轨迹编程时，就是将工具在另外定义的工具坐标系中的若干位置 $X/Y/Z$ 和姿态 $R_x/R_y/R_z$ 记录在程序中。当程序执行时，机器人就会把 TCP 移动到这些编程的位置。

手动操作

无论是何种品牌的工业机器人，事先都定义了一个工具坐标系，无一例外地将这个坐标系的 XY 平面绑定在机器人第六轴的法兰盘平面上，坐标原点与法兰盘中心重合。显然，这时 TCP 就在法兰盘中心。不同品牌的机器人有不同的称呼，把这个工具坐标系称为 tool0。

2. 手动操作

机器人的运动可以是单轴运动，也可以是多轴协调运动。要让机器人手动运动到所需的位置，可以选择三种手动方式：手动关节运动、手动线性运动和手动重定位运动。

①手动关节运动：各个轴单独运动，如六轴机器人有六个伺服电动机，每次操纵一个关节轴的运动即为手动关节运动。

②手动线性运动：安装在机器人第六轴法兰盘上的工具的 TCP 在空间做直线运动，机器人工具的位置改变，姿态不变，如图 1—1（a）所示。

经验小结：机器人做线性运动时，操纵者面向机器人，操纵杆运动方向与机器人运动方向一致，即操纵杆右移时，机器人也向右移动，操纵杆向前移动时，机器人也向右前移动。

③手动重定位运动：即法兰盘上的工具的 TCP 在空间中绕着坐标轴旋转的运动，也可

以理解为机器人绕着工具坐标原点做姿态调整的运动。重定位运动时,工具姿态改变,位置不变,如图 1－1(b)所示。

注意:手动重定位运动时,必须先选择工具坐标系。

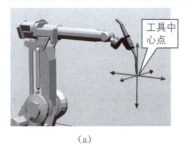
(a)

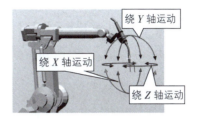
(b)

图 1－1 手动操作

(a)手动线性运动;(b)手动重定位运动

(1)离线编程软件手动操作三种方式的切换(表 1－8)

表 1－8 离线编程软件手动操作三种方式的切换

手动操作	操作说明	操作示意图
快捷切换方式	在"基本"功能选项卡中,单击"Freehand"中的三种手动操作方式进行切换,如右图所示。	
精确手动操作	鼠标右击机器人,在弹出的快捷菜单中选择精确手动控制方式:"机械装置手动关节"或"机械装置手动线性"。 在弹出的对话框中,选择"Step"(步长),然后单击"调节"按钮,即可进行精确示教,如右图所示。	(a)选择精确手动操作方式 (b)精确手动示教

续表

手动操作	操作说明	操作示意图
回到机械原点	鼠标右击机器人，在弹出的快捷菜单中选择"回到机械原点"，如右图所示。 机器人回到机械原点，并不是 6 个关节轴都为 0°，一般第 5 个关节轴在 30°位置，其他 5 个关节轴在 0°位置。	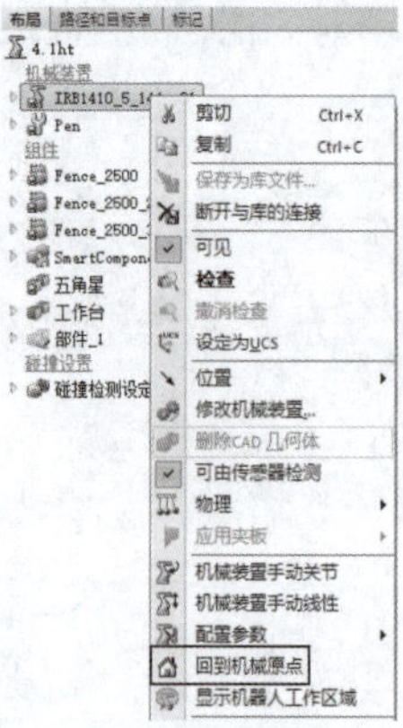 运行参数设置

（2）示教器手动操作切换（表 1－9）

表 1－9　示教器手动操作切换

手动操作	操作说明	操作示意图
手动切换方式	1. 示教器在"手动"状态下，单击"ABB"菜单，选择"手动操纵"。 2. 在弹出的界面中，单击"动作模式"。 3. 在弹出的界面中，选择手动操纵方式，选择机器人动作模式："轴 1－3""轴 4－6""线性"或"重定位"，然后单击"确定"按钮，如右图所示。	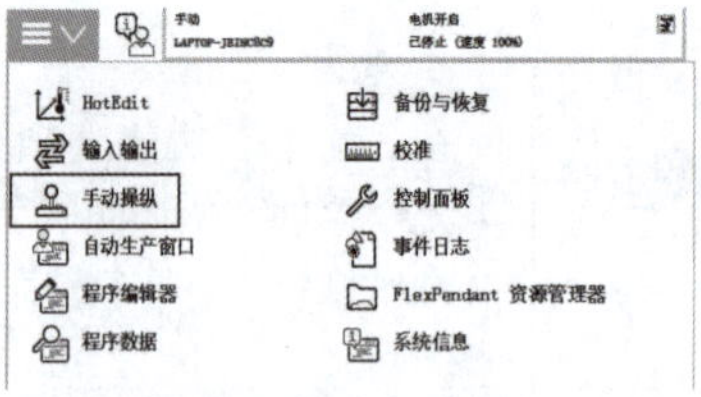 （a）选择"手动操纵" 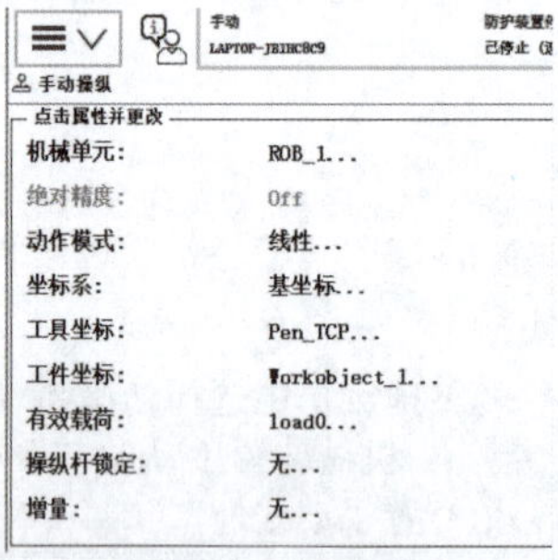 （b）单击"动作模式" 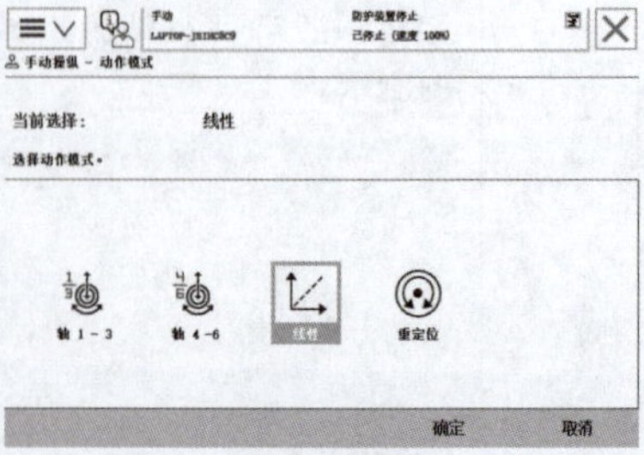 （c）选择动作模式

项目一 工业机器人迎宾工作编程与仿真

续表

手动操作	操作说明	操作示意图
快捷切换方式	单击示教器上的快捷切换方式,如右图所示,其中: 快捷切换1为"线性"和"重定位"两种方式的快捷切换; 快捷切换2为"轴1—3"和"轴4—6"两种方式的快捷切换。	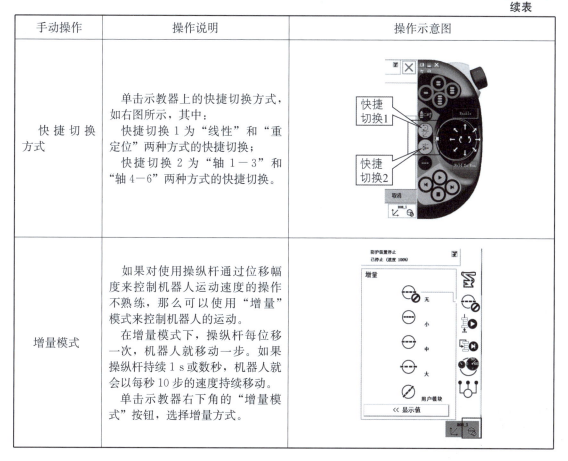
增量模式	如果对使用操纵杆通过位移幅度来控制机器人运动速度的操作不熟练,那么可以使用"增量"模式来控制机器人的运动。 在增量模式下,操纵杆每位移一次,机器人就移动一步。如果操纵杆持续1 s或数秒,机器人就会以每秒10步的速度持续移动。 单击示教器右下角的"增量模式"按钮,选择增量方式。	

3. 奇异点

六轴机器人由六个不同位置的电动机驱动,每个电动机都能提供绕一轴的旋转运动。从自由度的概念来看,六轴机器人已经满足三维空间中的六个自由度,理论上其末端可以到达空间中任何位置及角度。但六轴机器人有时会卡住,不受示教器控制,这是因为六轴机器人存在一些奇异点,引起奇异点的主要原因有:

奇异点

①内部电动机运作到了极限位置。

②根据不同型号的六轴机器人中使用的电动机不同,会有不同的运作范围限制。这是工作空间的概念。

③数学模型上的错误。

六轴串联关节机器人有三种奇异点:手腕奇异点、肩部奇异点、肘部奇异点。从机器人控制上说,一旦发生奇异点,机器人就不能向着操纵方向运动,所以需要尽量避免奇异点发生。

(1) 手腕奇异点 (Wrist singularity)

手腕奇异点发生在 J_4 轴和 J_6 轴重合时,也就是 J_5 轴为 0°时。手腕奇异点是关节机器人最容易遇到的奇异点,如图 1—2 所示。

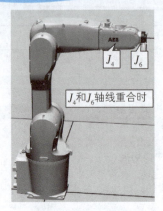

图 1－2 手腕奇异点

（2）肩部奇异点（Shoulder singularity）

当 J_5 轴位于 J_1 轴旋转中心线时，则发生肩部奇异点，如图 1－3 所示。肩部奇异点非常复杂，机器人逆运算时存在无数解。

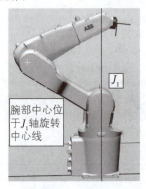

图 1－3 肩部奇异点

（3）肘部奇异点（Elbow singularity）

当 J_5 轴和 J_2 轴、J_3 轴呈一条直线时，则发生肘部奇异点，如图 1－4 所示。多数机器人的大臂不会完全伸直，因此一般不会碰到肘部奇异点。

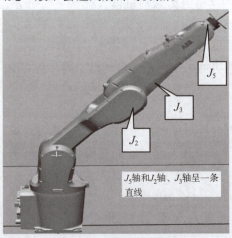

图 1－4 肘部奇异点

1.3.2 工业机器人重新启动

在机器人使用过程中，经常会使用到各种重新启动功能。例如，当创建 I/O 信号时，需要热启动才能生效。除此之外，机器人还具有各种功能的高级重启，包括重置系统、重置 RAPID、恢复到上次自动保存的状态等。重启操作见表 1—10。

表 1—10 工业机器人重启操作

重启操作	操作说明	操作示意图
离线编程软件重启	在控制器界面下，选择重启类型，如右图所示。	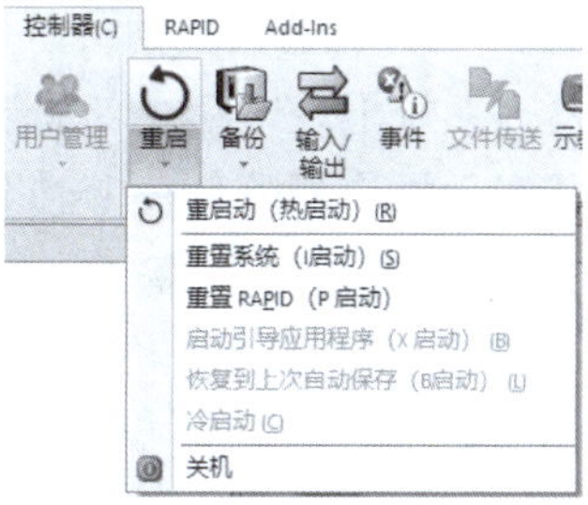
示教器重启	1. 单击"ABB"菜单，单击"重新启动"按钮。 2. 在弹出的新界面中，选择重启操作方式，单击"重启"按钮，即热启动。单击"高级…"按钮，则进入高级启动界面。 3. 在高级启动界面中，选择合适的重启类型，如右图所示。	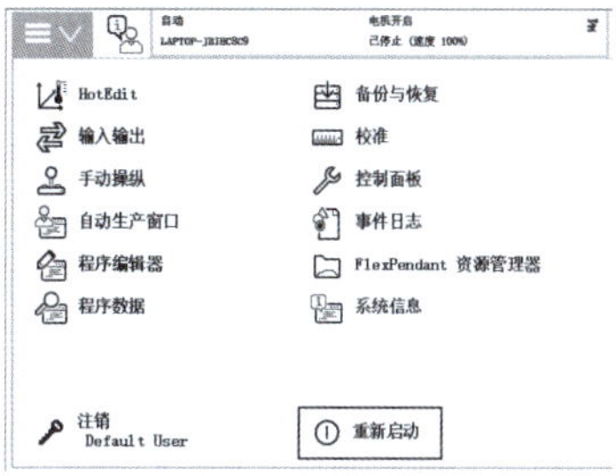 （a）选择"重新启动" 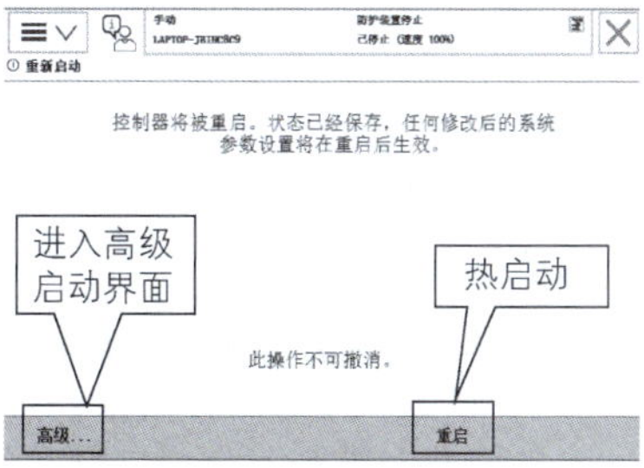 （b）选择重启操作方式 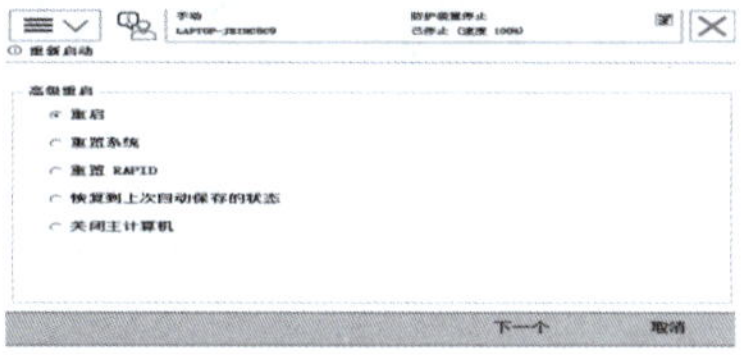 （c）选择重启类型

重启说明：

①重启动：使用当前的设置重新启动当前系统。

②重置系统：重启并将丢弃当前系统参数设置和 RAPID 程序，将会使用原始系统安装

设置，即系统恢复到出厂设置。

③重置RAPID：重启并清除RAPID程序代码，但会保留系统参数设置。

④恢复到上次自动保存：重启并尝试回到上一次自动保存的系统状态。一般从系统崩溃中恢复时使用。

⑤关机：关闭机器人控制系统，应在控制器UPS故障时使用。

1.3.3 ABB机器人数据的备份与恢复

定期对ABB机器人的数据进行备份，是保持ABB机器人正常工作的良好习惯。ABB机器人数据备份的对象是所有正在系统内存运行的RAPID程序和系统参数。当机器人系统出现错乱或者重新安装新系统以后，可以通过备份快速地把机器人恢复到备份时的状态，操作步骤见表1-11。

注意：在进行恢复时，备份数据具有唯一性，不能将一台机器人的备份恢复到另一台机器人中去，如果这样做，将会造成系统故障。

表1-11 数据备份与恢复

数据备份与恢复	操作说明	操作示意图
示教器数据备份操作	1. 单击"ABB"菜单，单击"备份与恢复"。 2. 在弹出的新界面中，单击"备份当前系统…"按钮。 3. 在"备份当前系统"窗口中，单击"ABC…"按钮，进行存放备份数据目录名称的设定；单击"…"按钮，选择备份存放的位置，如右图所示。设置完成后，单击"备份"按钮进行备份操作，等待备份完成。	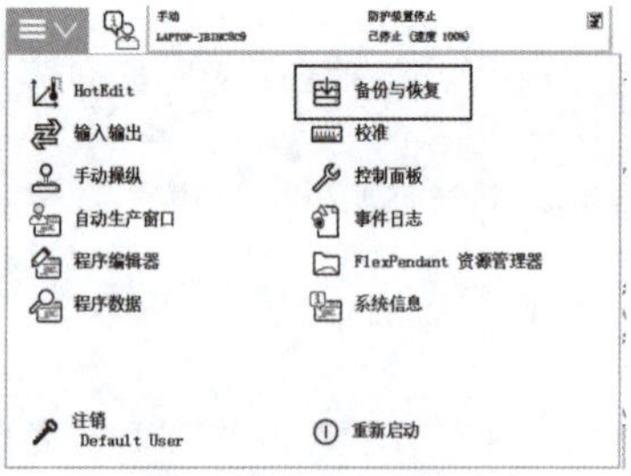 （a）备份与恢复 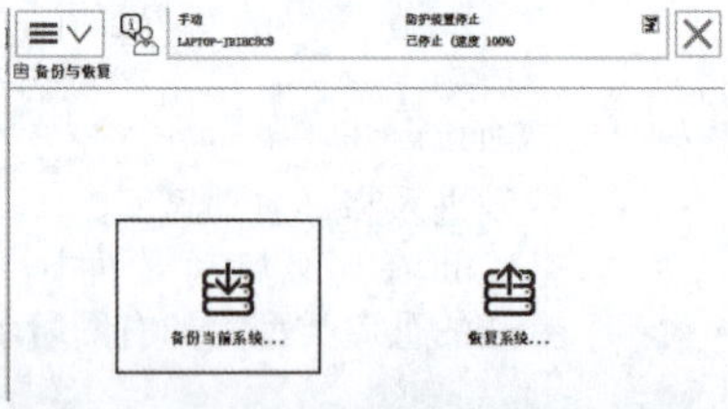 （b）单击"备份当前系统…"按钮 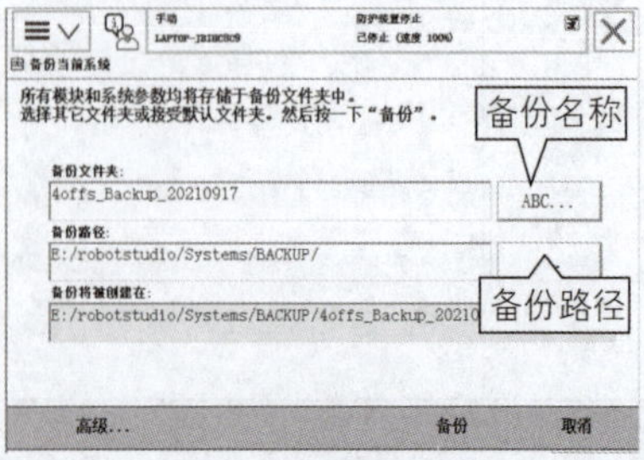 （c）设置备份路径

续表

数据备份与恢复	操作说明	操作示意图
示教器数据恢复	1. 单击"ABB"菜单，单击"备份与恢复"。 2. 在弹出的新界面中，单击"恢复系统…"按钮。 3. 在"恢复系统"窗口中，单击"…"按钮，选择备份存放的路径，如右图所示。单击"恢复"按钮进行恢复的操作。	（a）单击"恢复系统…"按钮 （b）选择备份存放路径
离线编程数据备份与恢复	在控制器界面下，选择"创建备份…"或"从备份中恢复…"，进行数据备份与恢复操作，如右图所示。	

1.3.4 ABB 机器人转数计数器更新操作

ABB 机器人六个关节轴都有一个原点的位置，在以下情况下，需对点的位置进行转数计数器更新操作，具体操作见表 1—12。

①更换伺服电动机转数计数器 SMB 电池后（机器人关闭主电源后，六个轴的位置数据由 SMB 电池提供电力保存，故需在电池耗尽之前更新电池）。

ABB 机器人转数计数器更新操作

②转数计数器发生故障并修复后。

③断电后，机器人关节轴发生了移动。

④当系统报警提示"10036 转数计数器未更新"时。

表 1—12 转数计数器更新操作

转数计数器更新步骤	操作示意图
1. 手动操作回到机械原点。 通过手动操作让机器人各关节轴回到机械原点，校正时，先回归 J_4、J_5、J_6 轴，再回归 J_1、J_2、J_3 轴。 注意：不同型号的机器人原点标识的位置不一定相同，如右图所示，具体参考机器人使用手册。	凹槽处即为机械原点位置

续表

转数计数器更新步骤	操作示意图
2. 单击"ABB"主菜单，选择"校准"，如右图所示。	
3. 单击"ROB_1"进行校准，如右图所示。	
4. 单击"校准 参数"，选择"编辑电动机校准偏移…"，如右图所示。	
5. 编辑电动机校准偏移。 将电动机校准偏移值（一般贴在机器人的J_2轴上）输入 rob1_1～rob_6 中的"偏移值"处，单击"确定"按钮，按提示信息重启控制器，如右图所示。	
6. 更新转数计数器。 选中"校准参数"中的"更新转数计数器"，在弹出的窗口中单击"是"按钮，进入右图所示界面。单击"全选"按钮，然后单击"更新"按钮，即完成转数计数器更新操作，如右图所示。	

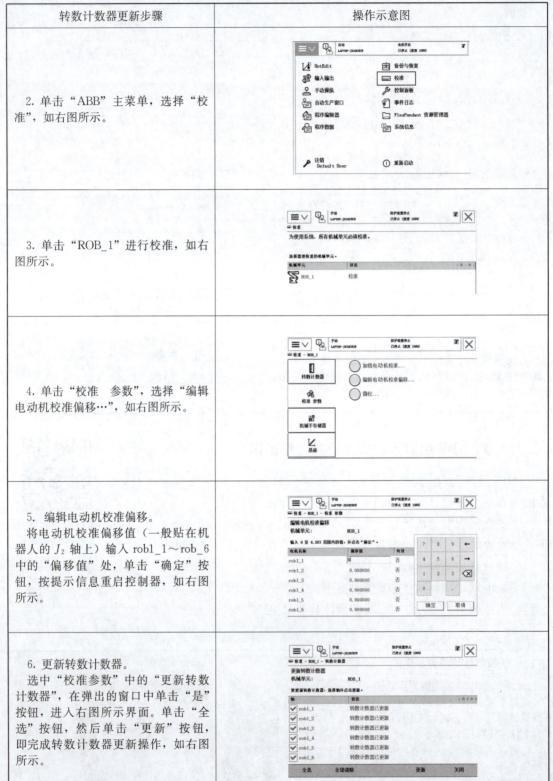

任务考核表

本项目任务考核见表 1—13。

表 1—13 任务考核表

任务名称		工业机器人迎宾工作站虚实联调			
小组成员		学号	任务分工	合作完成情况	
内容	考核要点	考核标准	配分	评价结果	
				自评	教师
职业素养	信息检索	能有效利用网络、图书资源查找有用的相关信息等;能将查到的信息有效地传递到工作中	10分		
	参与态度	积极主动与教师、同学交流,相互尊重、理解、平等;与教师、同学之间是否能够保持多向、丰富、适宜的信息交流	10分		
专业技能	工业机器人迎宾工作站虚实联调	Robotstudio 连接 ABB 机器人,虚实同步	10分		
		迎宾工作站离线程序导入机器人	20分		
		迎宾工作站路径优化与调试	15分		
		工业机器人示教器手动操控、数据备份与恢复、转数计数器更新等	15分		
安全素养考核	着装规范、操作规范、工位整洁等		10分		
	小组成员分工合理,操作规范等		10分		
总结反馈建议					

 拓展阅读

《中国制造 2025》

1. 指导思想

全面贯彻党的十八大和十八届二中、三中、四中全会精神,坚持走中国特色新型工业化道路,以促进制造业创新发展为主题,以提质增效为中心,以加快新一代信息技术与制造业深度融合为主线,以推进智能制造为主攻方向,以满足经济社会发展和国防建设对重大技术装备的需求为目标,强化工业基础能力,提高综合集成水平,完善多层次多类型人才培养体系,促进产业转型升级,培育有中国特色的制造文化,实现制造业由大变强的历史跨越。

2. 主要内容

《中国制造 2025》可以概括为"一二三四五五十"的总体结构:

"一"，就是从制造业大国向制造业强国转变，最终实现制造业强国的目标。

"二"，就是通过两化融合发展来实现这一目标。党的十八大提出了用信息化和工业化两化深度融合来引领和带动整个制造业的发展，这也是我国制造业所要占据的一个制高点。

"三"，就是要通过"三步走"的战略，大体上每一步用十年左右的时间来实现我国从制造业大国向制造业强国转变的目标。

"四"，就是确定了四项原则。第一项原则是市场主导、政府引导；第二项原则是既立足于当前，又着眼于长远；第三项原则是全面推进、重点突破；第四项原则是自主发展和合作共赢。

"五五"，就是有两个"五"。第一是有五条方针，即创新驱动、质量为先、绿色发展、结构优化和人才为本。第二是实行五大工程，包括制造业创新中心建设工程、强化基础工程、智能制造工程、绿色制造工程和高端装备创新工程。

"十"，就是十大领域，包括新一代信息技术产业、高档数控机床和机器人、航空航天装备、海洋工程装备及高技术船舶、先进轨道交通装备、节能与新能源汽车、电力装备、农机装备、新材料、生物医药及高性能医疗器械。

资料来源：

1.《中国制造2025》解读之"一二三四五五十"的总体结构．质量春秋，2017（8）．

项目二
工业机器人涂胶工作编程与仿真

项目引入

　　涂胶机器人作为一种典型的涂胶自动化装备，与传统的机械涂装相比，具有以下优点：能最大限度提高涂料的利用率、降低涂装过程中的 VOC（挥发性有机化合物）排放量；能显著提高喷枪的运动速度，缩短生产节拍，效率显著高于传统的机械涂装；柔性强，能够适应多品种、小批量的涂装任务。涂胶机器人已广泛应用于汽车、工程机械制造、3C 产品及家具建材等领域。

项目引入

　　本项目重点培养学生对工业机器人涂胶工作站的现场编程与仿真能力，掌握工业机器人在涂胶装配领域的应用。

知识目标

1. 熟悉机器人涂胶工作站创建和模型导入方法；
2. 掌握创建工业机器人工具坐标和工件坐标的方法；
3. 掌握工业机器人涂胶运动轨迹规划及调试运行的方法。

能力目标

1. 能够完成机器人涂胶工作站创建和模型导入；
2. 能够创建工业机器人工具坐标和工件坐标；
3. 能够规划并运行涂胶工业机器人的运动轨迹。

工业机器人应用编程"1+X"证书技能要求

工业机器人应用编程"1+X"证书（初级）技能要求	
1.2	工业机器人坐标系设置
2.1	工业机器人手动操作
2.2	工业机器人试运行
3.2	简单外围设备控制示教编程

职业素养的养成

1. 在操控工业机器人过程中，严格遵照国家标准（工业机器人安全规范）和企业操作规范，培养安全实验、规范操作的良好习惯。

2. 在导入涂胶台三维模型的过程中，引导学生要有全局观、大局意识，才能对工作站进行合理布局。

3. 在放置涂胶台三维模型的过程中，引导学生能多角度、全方位去解决问题，选用合适方法快速完成三维模型的放置。

学习导图

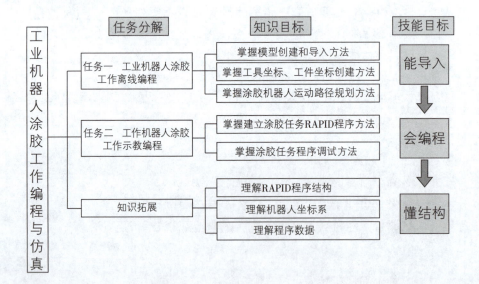

项目二 工业机器人涂胶工作编程与仿真

任务一 工业机器人涂胶工作离线编程

任务提出

通过 RobotStudio 软件掌握离线编程方法,本任务重点学习以下内容:
1. 工业机器人涂胶模型的选择与导入;
2. 工业机器人工件坐标及轨迹程序建立;
3. 工作站系统仿真运行与视频录制。

任务实施

2.1.1 工业机器人模型的选择与导入

本节任务中所需的模型导入的操作步骤见表 2—1。

表 2—1 工业机器人模型的选择与导入

操作步骤	操作说明	操作示意图
1. 导入机器人	创建工作站,导入机器人模型,选择实验室里机器人的型号"IRB 1410",如右图所示。	
2. 安装工业机器人工具	在"基本"选项卡下,打开"导入模型库",在"设备"中选择需要的工具。"设备"中的工具是 ABB RobotStudio 的自带工具,"用户库"中是用户按照需要自行导入的工具。此处选择加载"设备"中的"Pen",如右图所示。	

27

续表

操作步骤	操作说明	操作示意图
3. 安装工业机器人工具	选择"Pen"后，按住鼠标左键，将"Pen"拖到"IRB1410"后松开鼠标，在"更新位置"对话框中单击"是"按钮，完成机器人工具的安装，如右图所示。	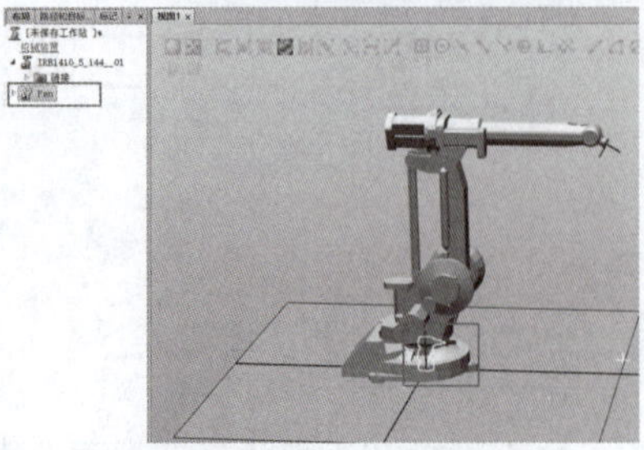 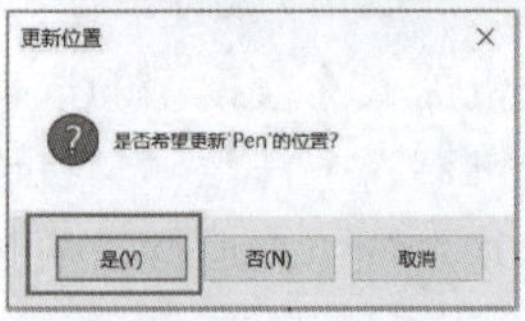 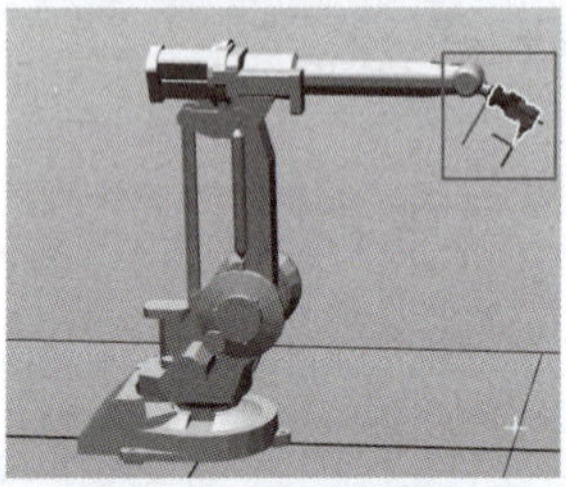
4. 创建机器人系统	在"基本"选项卡下选择"机器人系统"中的"从布局"，在弹出的对话框中，按照向导，修改系统名称、保存位置等。机器人系统创建完成后，控制器状态如右图所示。	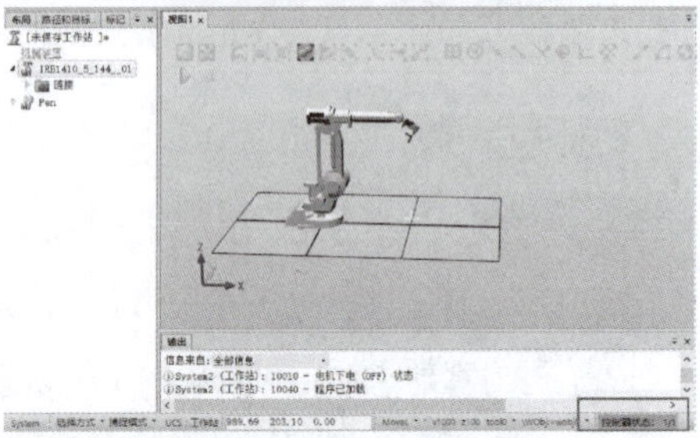
5. 导入几何体	在"基本"选项卡下单击"导入几何体"，选择"浏览几何体"，如右图所示。	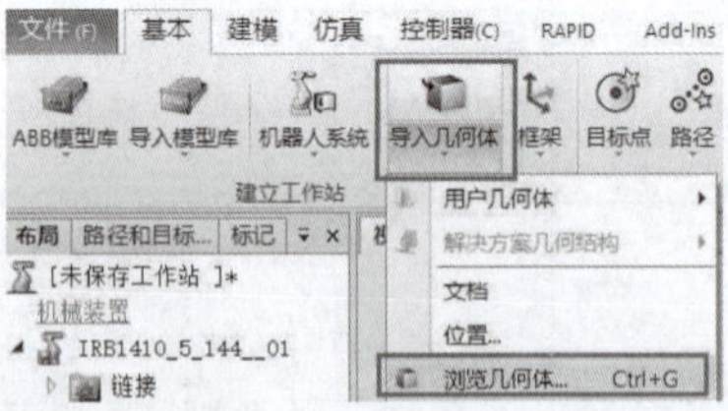 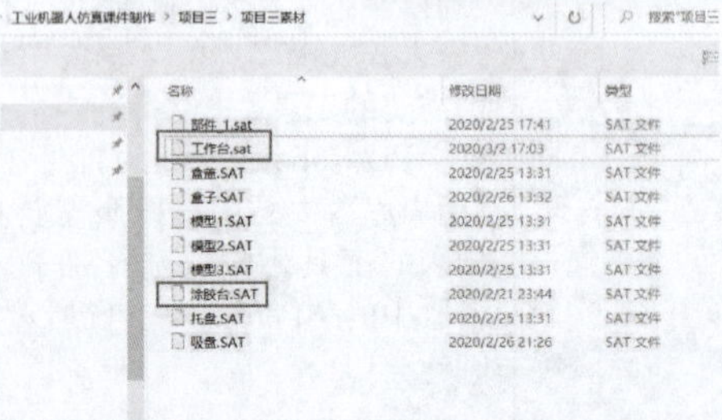

续表

操作步骤	操作说明	操作示意图
6. 移动、旋转模型	（1）移动模型：选择需要移动的模型后，在"基本"或"建模"选项卡下单击"移动"，拖动右下角的箭头可以使模型沿 X、Y、Z 轴移动，如右图所示。	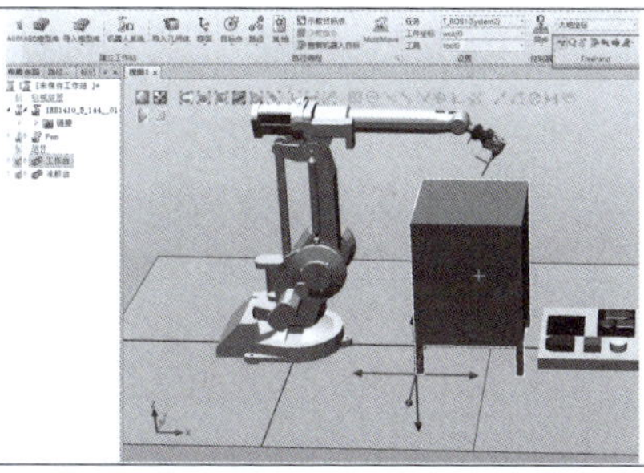
	（2）旋转模型：选择需要旋转的模型后，在"基本"或"建模"选项卡下单击"旋转"，拖动右下角的箭头可以使模型沿 X、Y、Z 轴旋转，如右图所示。	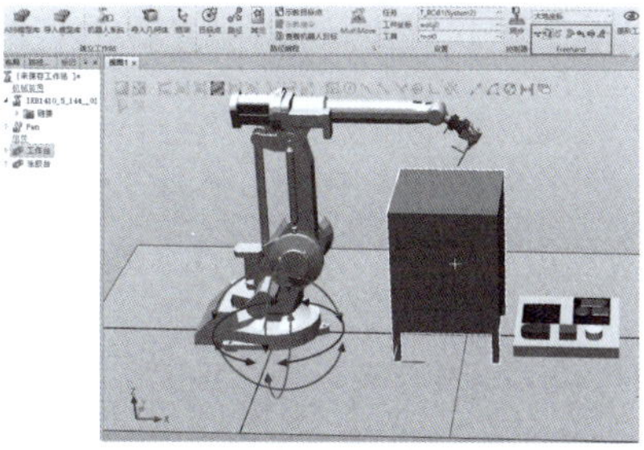
	（3）显示机器人工作区域：在调整过程中，可显示机器人的工作区域，白色区域为机器人可达范围，工作对象应调整到机器人的最佳工作范围，如右图所示。	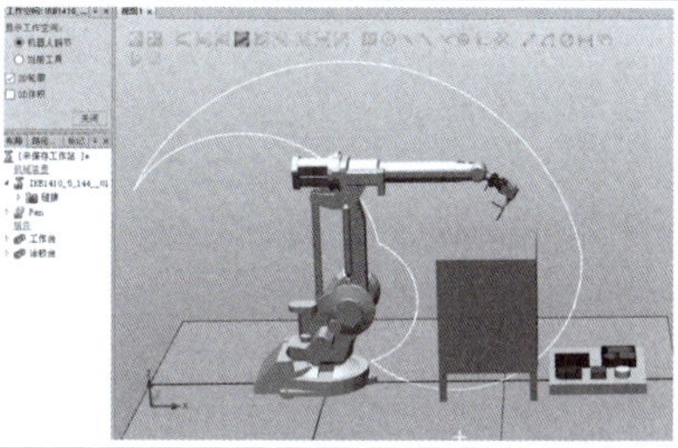
7. 调整涂胶台位置	选择所需的模型，右击，在"位置"下选择"设定位置"，在"设定位置：涂胶台"中，改变方向，选择沿 Z 轴旋转 $90°$，如右图所示。	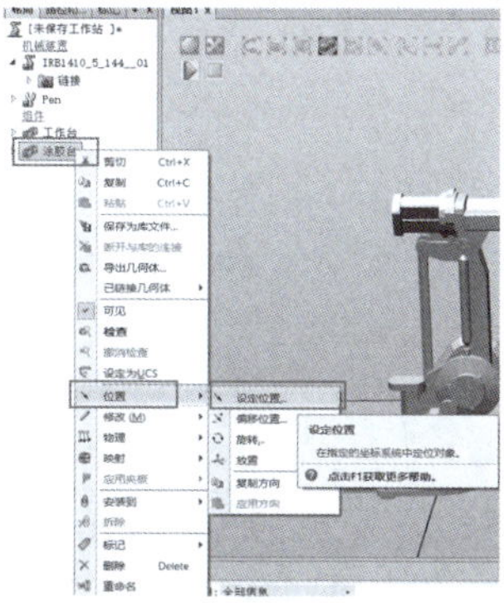 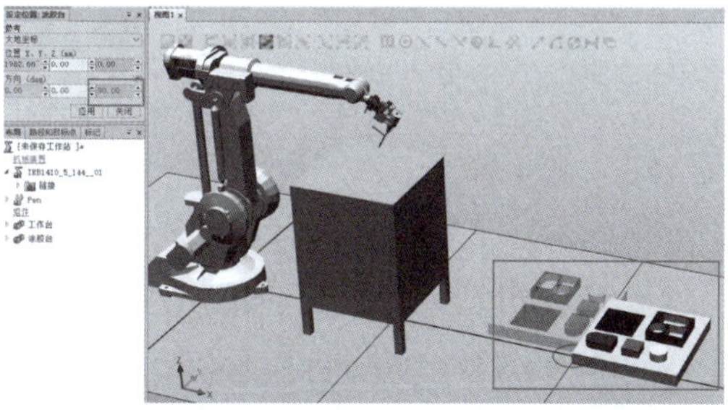

续表

操作步骤	操作说明	操作示意图
7. 调整涂胶台位置	选择所需的模型，右击，在"位置"下选择"设定位置"，在"设定位置：涂胶台"中，改变方向，选择沿 Z 轴旋转 90°，如右图所示。	
8. 修改模型的颜色	选择所需的模型，右击，在"修改"下选择"设定颜色…"，为模型设定所需的颜色，如右图所示。	
9. 放置模型	使用两点法将涂胶台放到工作台上，如右图所示。 思考：哪些场景可以使用一点法、三点法？	（a）选择涂胶台模型，右击，选择"位置"→"放置"→"两点" （b）选中"选择部件"和"捕捉末端"

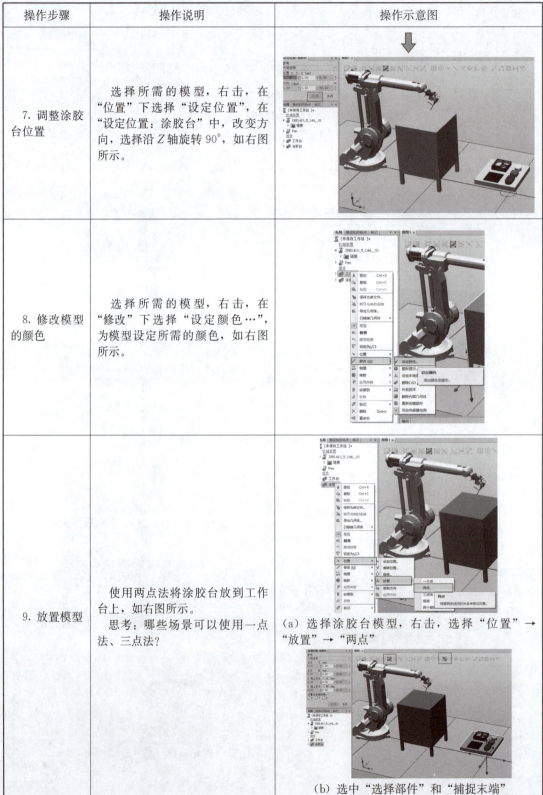

续表

操作步骤	操作说明	操作示意图
9. 放置模型	使用两点法将涂胶台放到工作台上,如右图所示。 思考:哪些场景可以使用一点法、三点法?	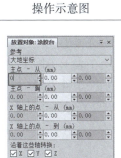 (c)单击"主点-从"的第一个坐标框 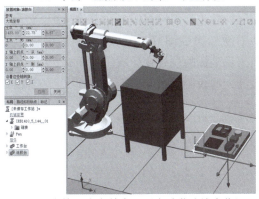 (d)选中第一个点单击,可自动获取该点位置 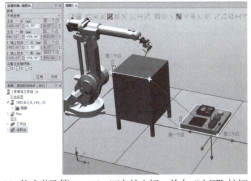 (e)依次获取第二、三、四点的坐标,单击"应用"按钮 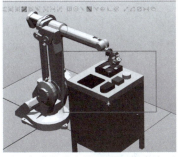 (f)完成涂胶台放置到工作台表面

2.1.2 工业机器人工件坐标及轨迹程序建立

工件坐标 wobjdata 是工件相对于大地坐标或其他坐标的位置。工业机器人可以拥有若干工件坐标，用于表示不同工件，或者表示同一工件在不同位置的若干副本。工业机器人进行编程时，就是在工件坐标中创建目标和路径。这带来很多优点：

①重新定位工作站中的工件时，只需要更改工件坐标的位置，所有路径将即刻随之更新。

②允许机器人操作在外部轴上或传送导轨上移动的工件，因为整个工件可连同其路径一起移动。

如图 2-1 所示，A 是机器人的大地坐标，为了方便编程，给第一个工件建立了一个工件坐标 B，并在这个工件坐标 B 中进行轨迹编程。如果在工作台上还有一个相同的工件需要相同的轨迹，那么只需建立工件坐标 C，将工件坐标 B 中的程序复制一份，然后将工件坐标从 B 更新为 C 即可，无须重复轨迹编程。如果在工件坐标 B 中对 A 对象进行了轨迹编程，当工件坐标的位置变化成工件坐标 D 后，只需在机器人系统重新定义工件坐标 D，则工业机器人的轨迹就自动更新到 C 了，不需要再次进行轨迹编程。

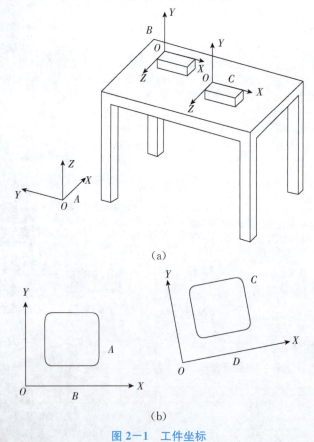

图 2-1 工件坐标

建立工业机器人工件坐标的操作步骤见表 2-2。

表 2-2 建立工业机器人工件坐标

操作步骤	操作说明	操作示意图
1. 工件坐标的建立	选择"基本"→"其他"→"创建工件坐标",如右图所示。	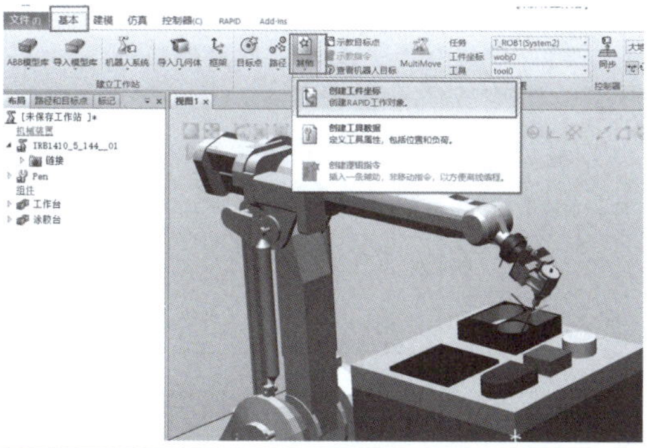
2. 选择捕捉方式	选择"表面""捕捉末端",工件名称可修改,如右图所示。	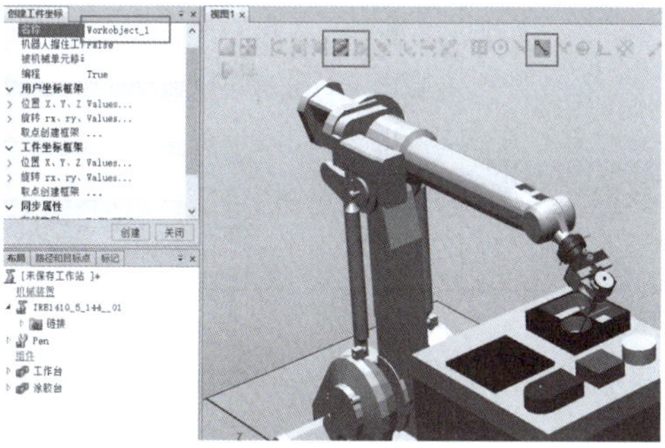
3. 三点法建立	选择"用户坐标框架",取点创建框架,选择"三点",如右图所示。	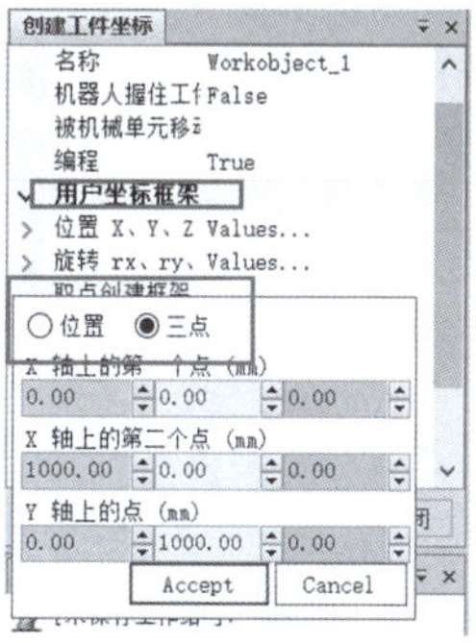
4. 第一个点定位	单击"X 轴上的第一个点"的第一个输入框,完成第一个点定位,如右图所示。	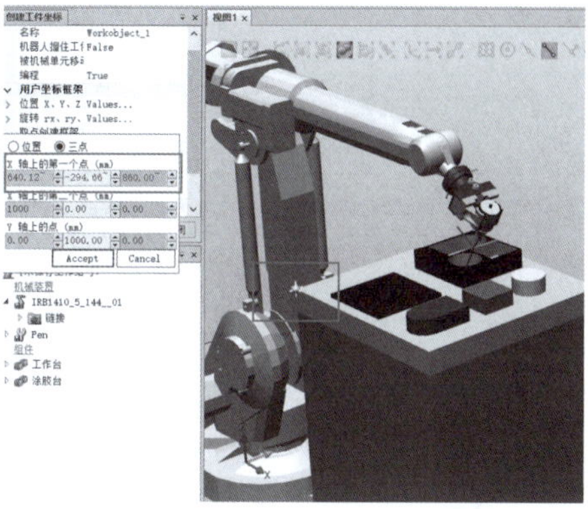

续表

操作步骤	操作说明	操作示意图
5. 第二、三点的定位	依次完成第二、三点的定位,如右图所示。	
6. 完成工件坐标的创建	单击"Accept"→"创建",完成工件坐标的创建。结果如右图所示。	

2.1.3 轨迹程序的建立

创建工业机器人涂胶运动轨迹,要求安装在法兰盘上的工具 Pen 在工件坐标 Workobject_1 中沿着第一个涂胶模块对象行走一圈,操作步骤见表 2—3。

轨迹程序的建立

表 2—3 创建运动轨迹

操作步骤	操作说明	操作示意图
1. 创建空路径	设置空路径 Path_10 的参数,如右图所示。	
2. 示教初始位置	示教初始位置目标点,如右图所示。	

续表

操作步骤	操作说明	操作示意图
3. 示教点操作	示教第一个角点，如右图所示。	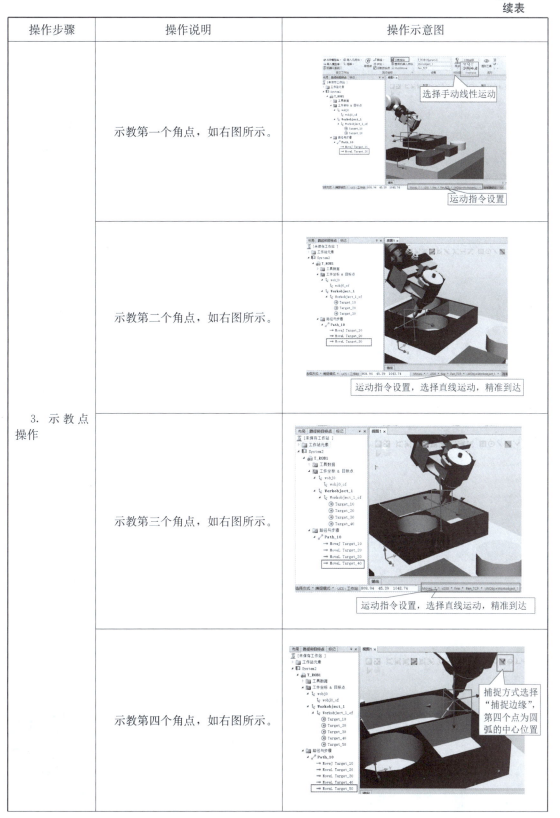
	示教第二个角点，如右图所示。	
	示教第三个角点，如右图所示。	
	示教第四个角点，如右图所示。	

续表

操作步骤	操作说明	操作示意图
3. 示教点操作	示教第五个角点，如右图所示。	运动指令设置，选择直线运动，精准到达
	生成圆弧路径：选中 50 和 60 目标点，右击，选择"修改指令"→"转换为 MoveC"，如右图所示。	
	圆弧指令转换完成，如右图所示。	
	示教最后一个角点，如右图所示。	拖动机器人到第一示教点

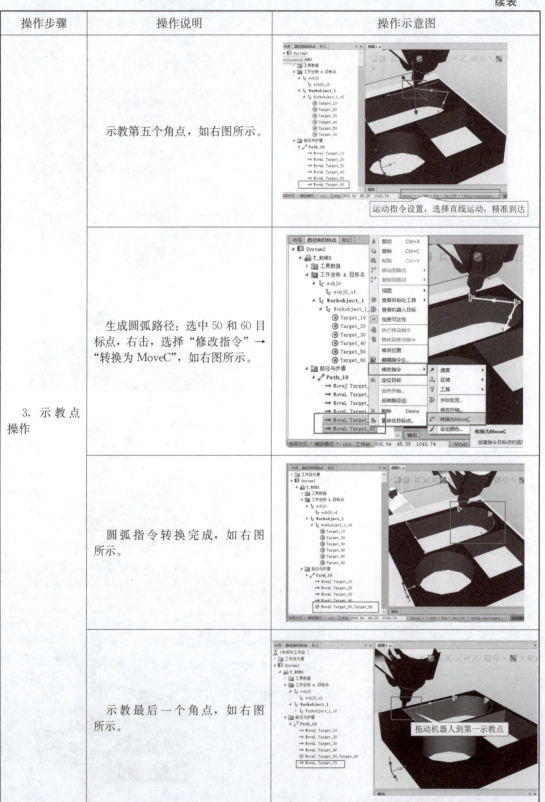

续表

操作步骤	操作说明	操作示意图
3. 示教点操作	复制第一条指令作为最后一条指令，如右图所示。	
4. 关节轴自动配置	选择"Path_10"，右击，选择"自动配置"→"所有移动指令"，如右图所示。	
5. 沿着路径运动	选择"Path_10"，右击，选择"沿着路径运动"，检查能否正常运行，如右图所示。	

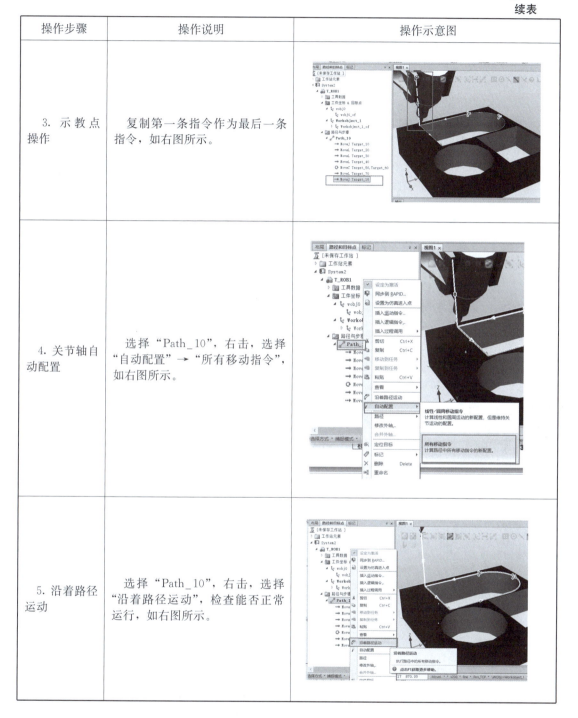

2.1.4 仿真运行与视频录制

涂胶工作站系统仿真运行的操作步骤见表2—4。

表 2—4　涂胶工作站仿真运行

操作步骤	操作说明	操作示意图
1. 仿真运行	方法与项目一中仿真运行设置一样，包括同步 RAPID、仿真进入点设定，最后可看到机器人按照之前示教的轨迹运行，如右图所示。	
2. 视频录制	选择"文件"→"选项"→"屏幕录像机"，设置录像参数，如右图所示。	
	选择"仿真"→"仿真录像"→"播放"，如右图所示。	
	选择"仿真"→"查看录像"，如右图所示。	

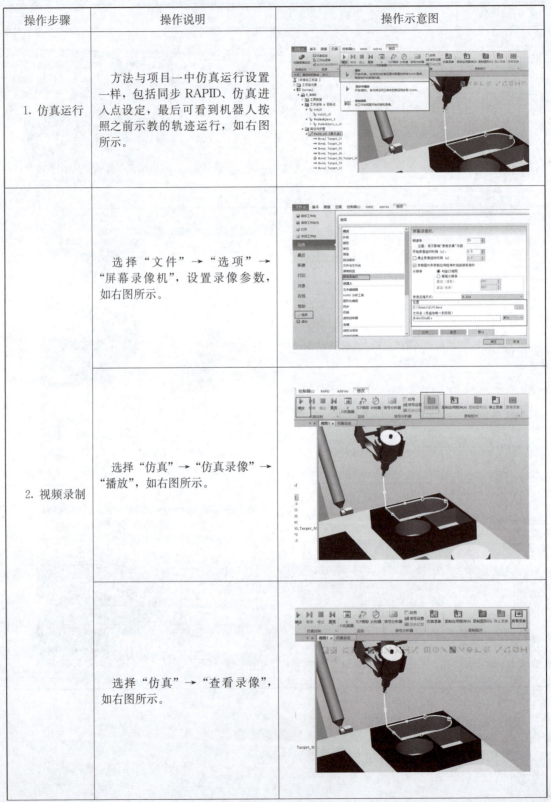

操作步骤	操作说明	操作示意图
2. 视频录制	播放视频，如右图所示。	

2.1.5 难点探讨

如图 2-2 所示，多放一个工作平台或者将涂胶面变为倾斜面，重新创建工件坐标。修改新的工件坐标后，观察涂胶工作路径。

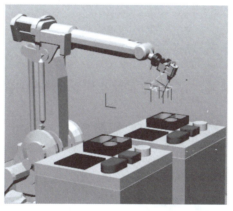

（a）

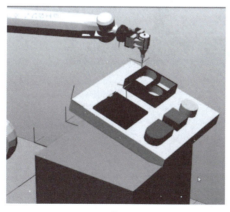

（b）

图 2-2 重新创建工件坐标

（a）多放一个工作平台；（b）工作平台变为倾斜面

2.1.6 练习

1. 放置练习（图 2-3）

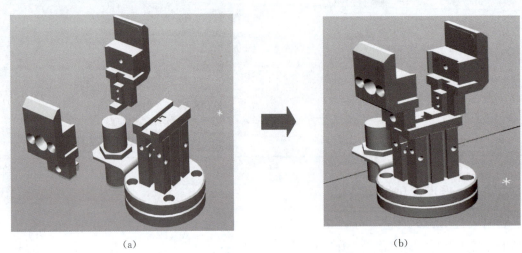

图 2-3 放置练习

（a）夹爪组装前；（b）夹爪组装后

2. 轨迹练习

如图 2-4 所示，完成轨迹二、轨迹三的涂胶任务的离线编程。

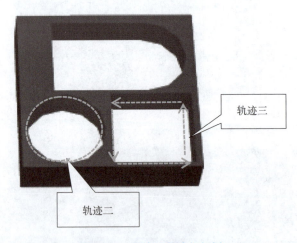

图 2-4 涂胶任务路径规划

任务二 工业机器人涂胶工作示教编程

任务提出

本任务主要操控示教器完成工业机器人涂胶任务,重点学习以下内容:
1. 操控示教器设置涂胶任务编程环境;
2. 建立涂胶任务 RAPID 程序;
3. 根据涂胶任务调试程序。

任务实施

关键程序数据的设定

2.2.1 关键程序数据的设定

在进行正式编程之前,必须构建必要的编程环境,其中有三个必需的关键程序数据(工具数据 tooldata、工件坐标 wobjdata、负荷数据 loaddata)需要在编程前进行定义。针对本项目涂胶机器人,主要介绍工具数据 tooldata、工件坐标 wobjdata 的建立。

1. 工具数据 tooldata 的建立

工具数据 tooldata 用于描述安装在机器人第六轴上的工具的 TCP、质量、重心等参数数据。工业机器人的 tooldata 通过 TCP 标定,并且将 TCP 的标定数据保存在 tooldata 程序数据中,即可被程序调用。

工业机器人 TCP 数据的设定原理:

①首先在工业机器人工作范围内找一个非常精确的固定点作为参考点。

②然后在工业机器人已安装的工具上确定一个参考点(最好是工具的中心点)。

③用之前介绍的手动操纵工业机器人的方法去移动工具上的参考点,以四种不同的机器人姿态尽可能与固定点刚好碰上。为了获得更准确的 TCP,在以下例子中使用 6 点法进行操作,其中,第四示教点是将工具的参考点垂直于固定点,第五示教点是将工具参考点从固定点向将要设定为 TCP 的 X 方向移动,第六示教点是将工具参考点从固定点向将要设定为 TCP 的 Z 方向移动。

④机器人通过四个位置点的位置数据计算求得 TCP 的数据,然后 TCP 的数据就保存在 tooldata 这个程序数据中被程序进行调用。

工业机器人的 tooldata 可以通过三种方式建立,分别是 4 点法、5 点法、6 点法。4 点法不改变 tool0 的坐标方向;5 点法改变 tool0 的 Z 方向;6 点法改变 tool0 的 X 和 Z 方向(在焊接应用中最为常用)。前三个点的姿态位置相差越大,最终获取的 TCP 精度越高。6 点法建立工具坐标系的操作步骤见表 2—5。

表 2—5　6 点法建立工具坐标系

操作步骤	操作示意图
1. 在虚拟示教器菜单上单击"手动操纵",如右图所示。	
2. 在"手动操纵"界面中单击"工具坐标 tool0",如右图所示。	
3. 在工具坐标界面内单击左下角的"新建…"按钮,如右图所示。	

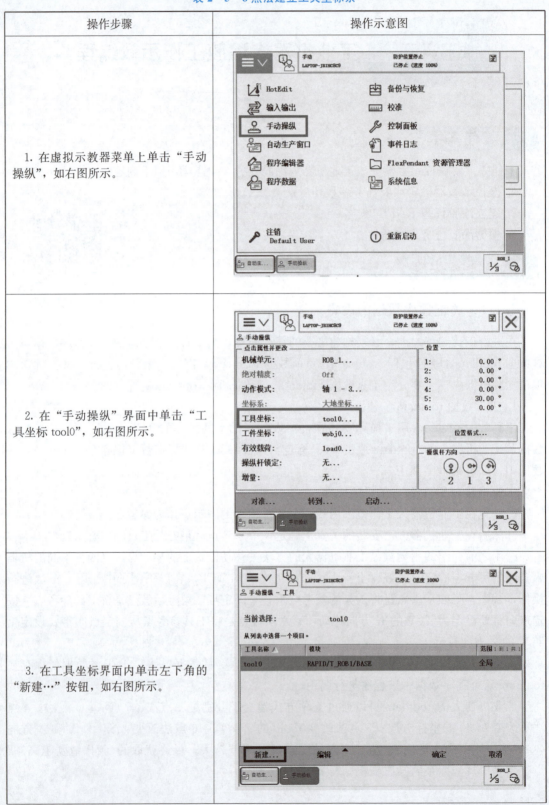

42

操作步骤	操作示意图
4. 在界面内对工具数据的名称、范围、存储类型、任务等属性进行设定，设定完成后，单击右下角的"确定"按钮，如右图所示。	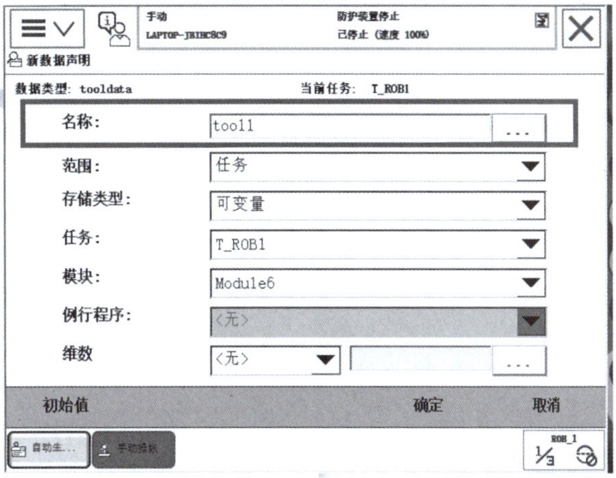
5. 选中新建的tool1后，单击"编辑"菜单中的"定义…"选项，如右图所示。	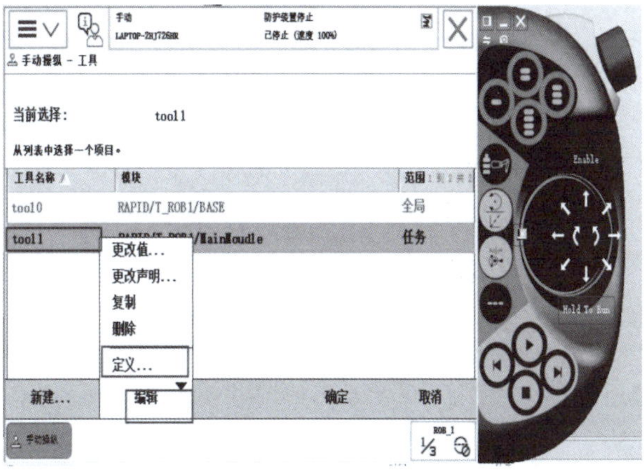
6. 选择"TCP和Z，X"，使用6点法设定TCP，如右图所示。	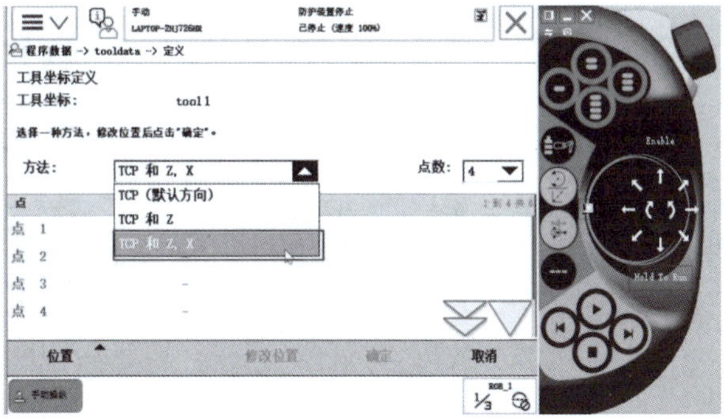

续表

操作步骤	操作示意图
7. 在机器人动作范围内找一个非常精确的固定点作为参考点，建立一个圆锥体，取其顶点作为固定参考点，如右图所示。 思考：如何创建固体？	
8. 选择合适的手动操纵模式，使工业机器人工具参考点靠上固定点，作为第一个点，如右图所示。	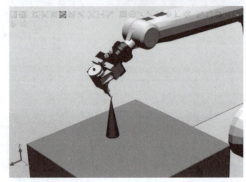
9. 选择"点1"，单击"修改位置"按钮，将点1位置记录为当前点位置，如右图所示。	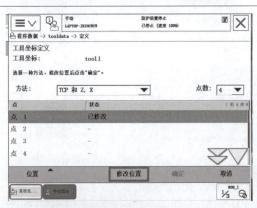
10. 使用同样的方法改变工具参考点姿态，使其靠近固定点，记录第二个点位置，如右图所示。	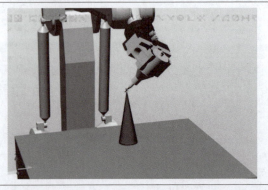

续表

操作步骤	操作示意图
11. 示教第三个点位置，如右图所示。	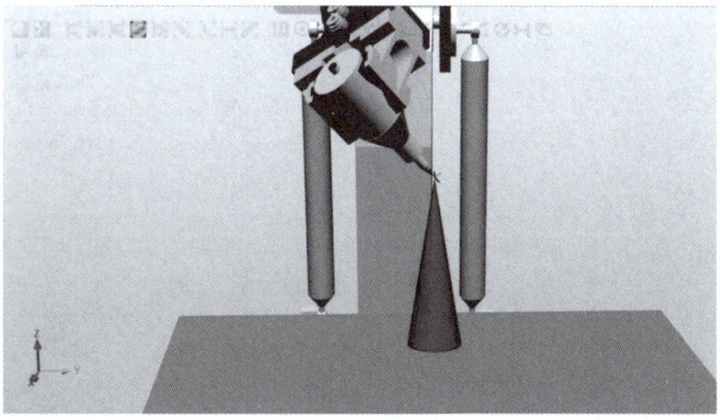
12. 示教第四个点位置，如右图所示。 注意：示教第四个点时，将工具的参考点垂直于所选的固定点。	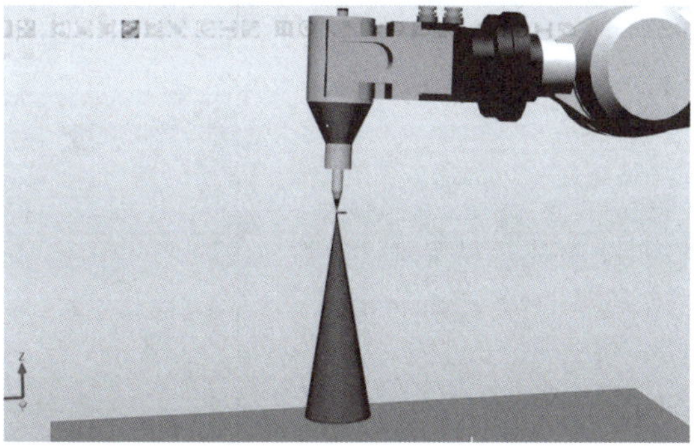
13. 工具参考点以点 4 的姿态从固定点移动到工具 TCP＋X 方向，记录该点位置，如右图所示。	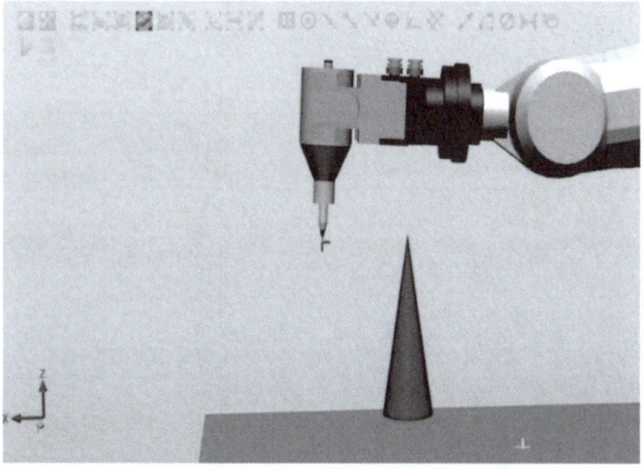
14. 工具参考点以点 4 的姿态从固定点移动到工具 TCP＋Z 方向，记录该点位置，如右图所示。	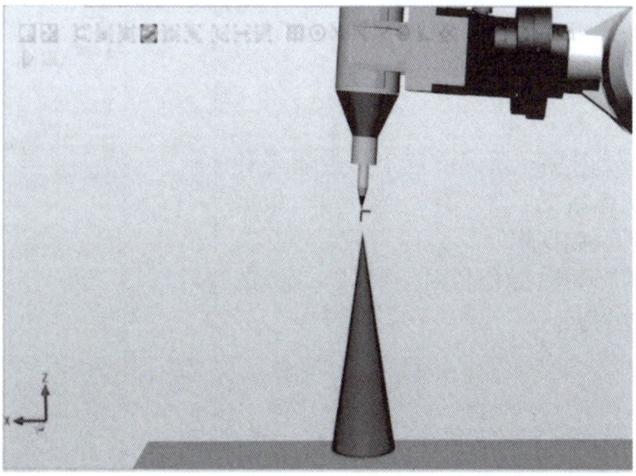

续表

操作步骤	操作示意图
15. 完成六个点的位置修改，单击"确定"按钮，如右图所示。	
16. 对误差进行确定，越小越好，但也要以实际验证效果为准，如右图所示。	
17. 选择"tool1"→"编辑"→"更改值…"，如右图所示。	
18. 根据实际情况设定工具的质量和重心位置数据："mass"（质量），根据实际测量数据填写；"cog"（重心）及"x""y""z"数据是相对于默认 tool0 的偏移量数据。	

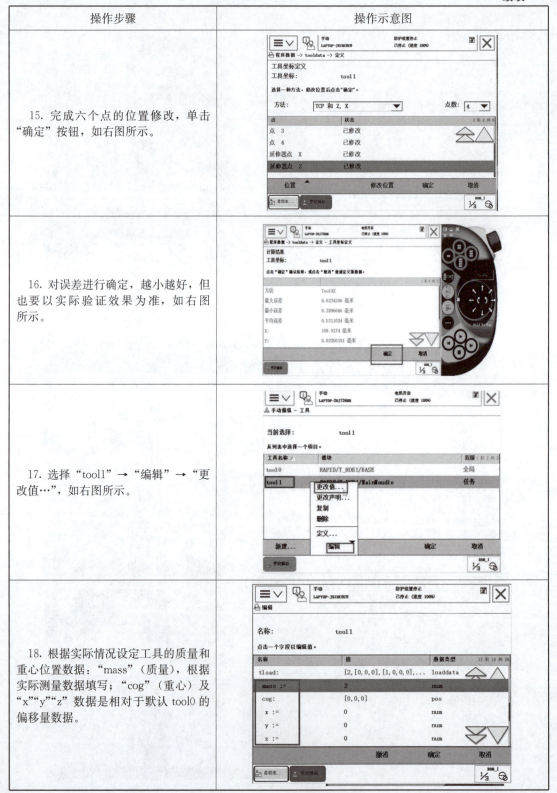

2. 工件坐标 wobjdata 的建立

在工业机器人涂胶工作离线编程中已经详细介绍了工件坐标 wobjdata 的建立，这里演示示教器编程中的建立方法，操作步骤见表2-6。

工件坐标建立　　　　工件坐标 WOBJDATA 建立

表 2-6　工件坐标 wobjdata 的建立

操作步骤	操作示意图
1. 在"虚拟示教器"面板中，单击"手动操纵"，选择"工件坐标 wobj0"，如右图所示。	
2. 单击左下角的"新建"按钮，设定工件坐标数据属性后，单击"确定"按钮，如右图所示。	
3. 单击"编辑"按钮，在弹出的菜单中选择"定义…"，如右图所示。	
4. 选择"用户方法"为"3点"，如右图所示。	

47

续表

操作步骤	操作示意图
5. 修改用户点 X_1 位置，如右图所示。	
6. 修改用户点 X_2 位置，可在线性运动模式下往 X 轴运动，如右图所示。	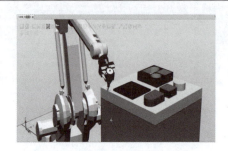
7. 修改用户点 Y_1 位置，可在线性运动模式下往 Y 轴运动，如右图所示。	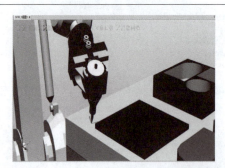
8. 修改 3 点坐标后，单击"确定"按钮，回到"手动操纵"页面，这样工具坐标和工件坐标建立完成，如右图所示。	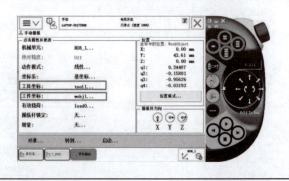

2.2.2　涂胶工作站的示教编程

工业机器人涂胶工作站示教编程的操作步骤见表 2—7。

涂胶工作站的示教编程

表 2—7　涂胶工作站的示教编程

操作步骤	操作说明	操作示意图
1. 新建程序模块和例行程序	（1）建立"tj"程序模块，如右图所示。	
	（2）建立"tjrw"例行程序，如右图所示。	
2. 添加指令	（1）回到程序编辑器菜单，进入"tjrw"例行程序，选择<SMT>为插入指令的位置，如右图所示。	
	（2）单击"添加指令"按钮，添加"MoveJ"指令，并双击"*"，如右图所示。	

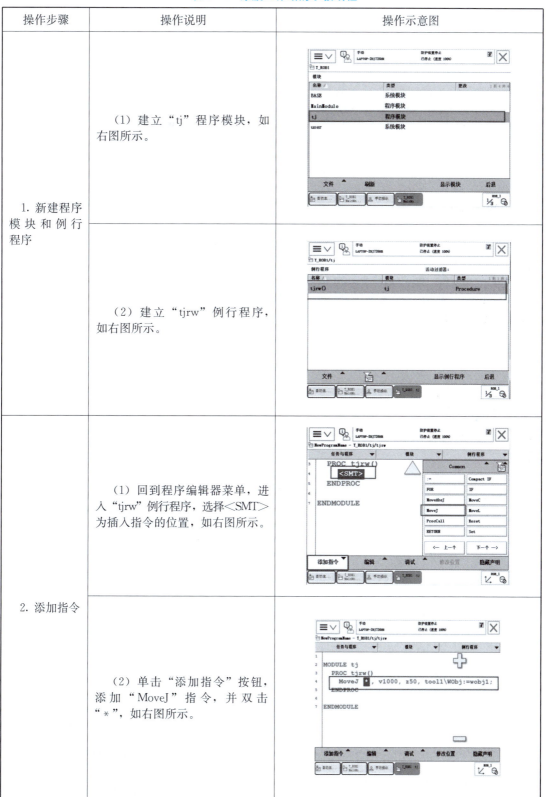

续表

操作步骤	操作说明	操作示意图
2. 添加指令	（3）进入指令参数修改界面，修改"v""z"，在"新建"下建立"p10"目标点，作为机器人的空闲等待点，如右图所示。	
	（4）选择"p10"目标点，单击"修改位置"按钮，将机器人的当前位置数据记录下来，单击"修改"按钮更改位置，如右图所示。	
	（5）继续在下方添加"MoveJ"指令，并将参数设定为如右图所示。选择"p20"，单击"修改位置"按钮，将机器人的当前位置记录到 p_{20} 中。	

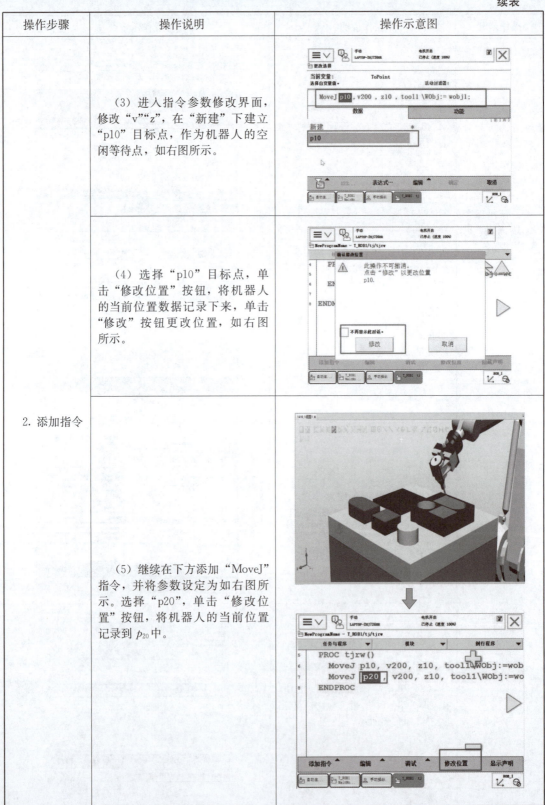

续表

操作步骤	操作说明	操作示意图
2. 添加指令	（6）继续在下方添加"MoveL"指令，并将参数设定为如右图所示。选择"p30"，单击"修改位置"按钮，将机器人的当前位置记录到 p_{30} 中。	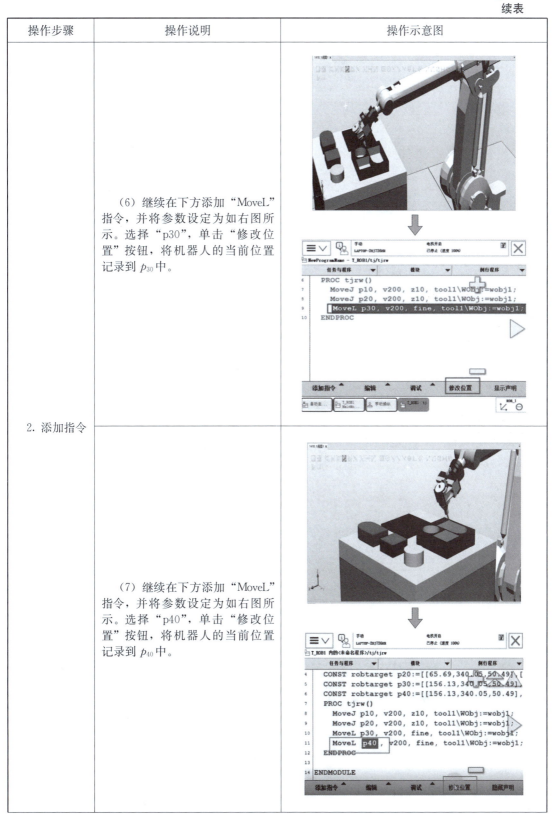
	（7）继续在下方添加"MoveL"指令，并将参数设定为如右图所示。选择"p40"，单击"修改位置"按钮，将机器人的当前位置记录到 p_{40} 中。	

续表

操作步骤	操作说明	操作示意图
2. 添加指令	（8）继续在下方添加"MoveC"指令，并将参数设定为如右图所示。选择"p50，p60"，单击"修改位置"按钮，将机器人的当前位置记录到 p_{50}、p_{60} 中。	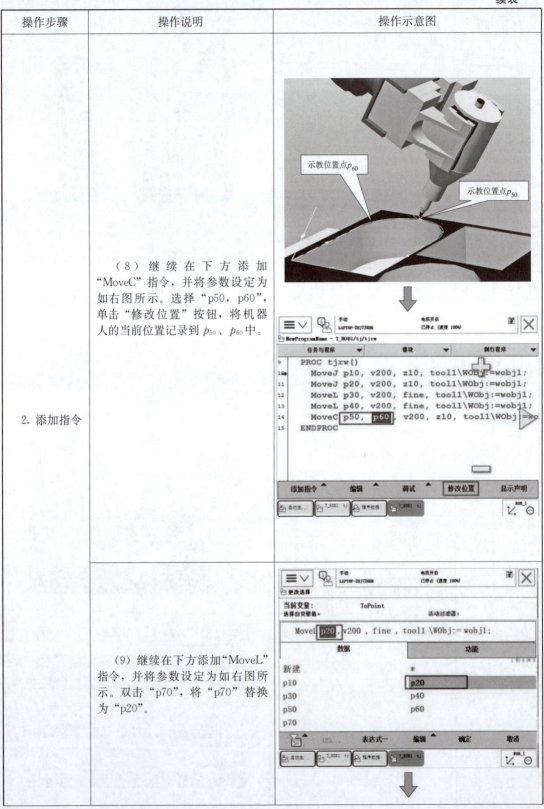
	（9）继续在下方添加"MoveL"指令，并将参数设定为如右图所示。双击"p70"，将"p70"替换为"p20"。	

续表

操作步骤	操作说明	操作示意图
2. 添加指令	（9）继续在下方添加"MoveL"指令，并将参数设定为如右图所示。双击"p70"，将"p70"替换为"p20"。	
	（10）复制第一条指令，粘贴在最下方，作为最后一条指令，并将最后一条运动指令转弯半径改为"fine"，指令编写完成，如右图所示。	
3. 运行程序	单击"调试"按钮，选择"PP移至例行程序"，如右图所示，选择"tjrw"例行程序，单击右下角的"调试"按钮，运行程序。	

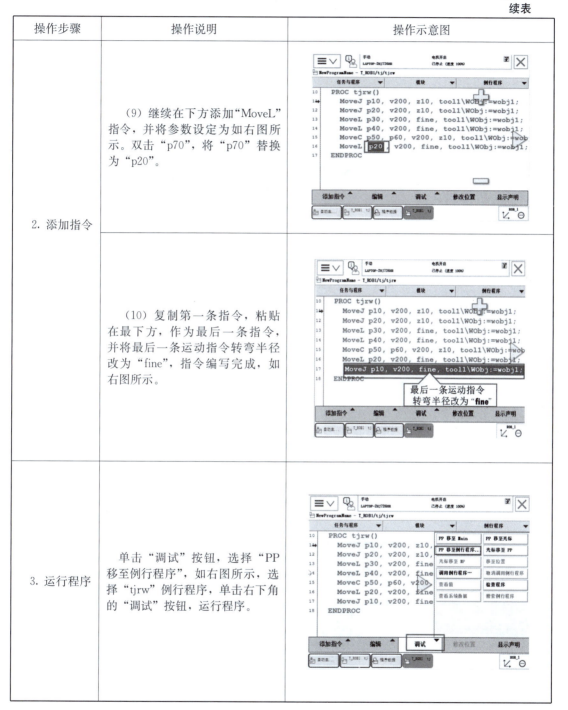

2.2.3 难点探讨

如图 2—5 所示，思考示教器中无法修改示教位置的原因。

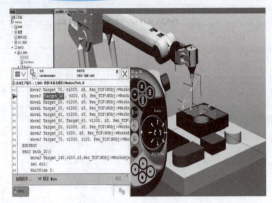

图 2-5 离线编程

2.2.4 轨迹练习

如图 2-6 所示,完成轨迹二、轨迹三的涂胶任务的示教器编程。

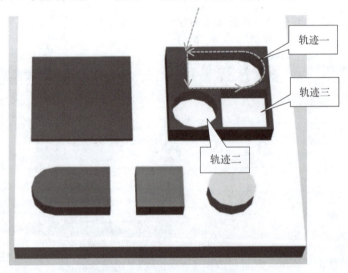

图 2-6 涂胶任务路径规划

知识拓展

2.3.1 工业机器人坐标系

坐标系是为确定机器人的位置和姿态而在机器人或其他空间上设定的位姿指标系统。工业机器人上的坐标系包括六种:大地(世界)坐标系、基坐标系、工具坐标系、工件坐标系、关节坐标系和用户坐标系。

1. 大地(世界)坐标系(World Coordinate System)

大地坐标系是以大地作为参考的直角坐标系。所有其他的坐标系均与大地坐标系直接或间接相关，比如用户坐标系设定参考该坐标系。该坐标系也经常被用于多个机器人联动或带外轴移动的机器人系统中。

2. 基坐标系（Base Coordinate System）

基坐标系由机器人底座基点与坐标方位组成，该坐标系是机器人其他坐标系的基础。这使固定安装的机器人的移动具有可预测性，该坐标系便于机器人从一个位置移动到另一个位置。

在正常配置的机器人系统中，站在机器人前方并在基坐标系中操控示教器时，上下操控示教器时，机器人将沿 X 轴移动；左右操控示教器时，机器人将沿 Y 轴移动；扭动操控杆，机器人将沿 Z 轴移动。

默认情况下，大地坐标系和基坐标系是一致的。

3. 工具坐标系（Tool Coordinate System）

工具坐标系用来确定工具的位姿，它由工具中心点（TCP）与坐标方位组成。工具坐标系必须事先进行设定。在没有定义的时候，将由默认工具坐标系来替代该坐标系。

机器人到达预设目标时所使用工具的位姿如图 2—7 所示。

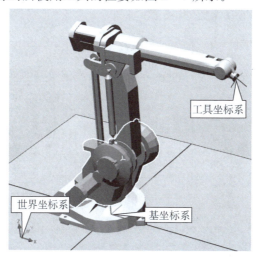

图 2—7　机器人到达预设目标时所使用工具的位姿

4. 工件坐标系（Workpiece Coordinate System）

工件坐标系用来确定工件的位姿，它由工件原点与坐标方位组成。工件坐标系可采用三点法确定：点 X_1 与点 X_2 连线组成 X 轴，通过点 Y_1 向 X 轴作的垂直线为 Y 轴，Z 轴方向用右手定则确定。

该坐标系通常是最适于对机器人进行编程的坐标系。

5. 关节坐标系（Joint Coordinate System）

关节坐标系是设定在机器人关节中的坐标系，它是每个轴相对于其原点位置的绝对角度。

6. 用户坐标系（User Coordinate System）

用户坐标系是用户对每个作业空间进行自定义的直角坐标系，它用于位置寄存器的示教和执行、位置补偿指令的执行等。在没有定义的时候，将由大地坐标系来替代该坐标系。

2.3.2　RAPID 语言简介

ABB 机器人所采用的编程语言为 RAPID，属于动作级编程语言。RAPID 程序中包含了一连串机器人的指令，执行这些指令可以实现对机器人的移动、设置、读取输入，以及与系统操作员交流控制等操作。

1. 程序结构

RAPID 程序由程序模块和系统模块组成。通过新建程序模块来构建机器人程序，而系统模块多用于系统方面的控制，通常由机器人制造商或生产线建立者编写，如图 2－8 所示。

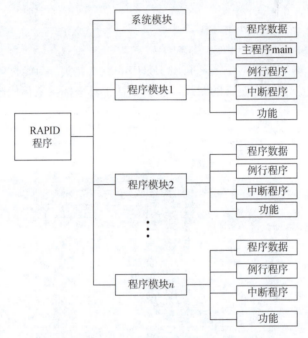

图 2－8　程序结构

每一个模块表示一种机器人动作或类似动作；执行删除程序命令时，所有系统模块仍将保留。例行程序包含一些指令集，它定义了机器人系统实际执行的任务。从控制器程序内存中删除程序时，也会删除所有程序模块。

注意：①"程序模块"包含特定作用的数据（Program data）、例行程序（Routine）、中断程序（Trap）和功能（Function）四种对象，但不一定在一个模块中都有这四种对象。

②在 RAPID 程序中，只有一个主程序 main，并存在于任意一个程序模块中，并且作为整个程序执行的起点。所有程序模块之间的数据、例行程序、中断程序和功能，无论在什么位置，全都被系统共享，可以互相调用，因此，除特殊设定以外，名称必须是唯一的。

2. 程序数据

在进行正式编程之前，需要构建必要的编程环境数据，即程序数据，如机器人的工具数据和工件坐标系，均需在编程前定义。创建的程序数据可由同一个模块或其他模块中的指令进行引用，如工具数据 tooldata 用于描述安装在机器人第六轴上的工具的 TCP、质量、重心等参数数据，在编程后执行程序时，就是将工具的 TCP 移动到程序指定位置，所以，如果更改工具及工具坐标系，机器人的移动也会随之改变，以便新的 TCP 能够到达目标。

程序数据 robtarget 的定义如图 2—9 所示。

```
CONST robtarget
p20:=[[621.55,227.41,280.00],[0.000775717,-6.2163E-8,-1,1.52674E-8],[0,0,0,0],[9E+
9,9E+9,9E+9,9E+9,9E+9,9E+9]];
VAR robtarget
p40:=[[873.59,143.09,864.50],[0.000775635,-4.8407E-8,-1,-2.13812E-9],[0,0,0,0],[9E
+9,9E+9,9E+9,9E+9,9E+9,9E+9]];
```

标注：① CONST；② robtarget；③ p20；④ [621.55,227.41,280.00]；⑤ [0.000775717,-6.2163E-8,-1,1.52674E-8]；⑥ [0,0,0,0]；⑦ [9E+9,9E+9,9E+9,9E+9,9E+9,9E+9]

图 2—9　程序数据 robtarget 的定义

说明：

①是数据的存储类型；

②是数据类型；

③是数据名称；

④～⑦用来定义机器人和外部轴的目标点数据，其中，第④、⑤两个数据描述工具坐标系。

第④部分的三个数定义的是工具的 TCP，也就是 p_{20} 点在当前工件坐标系内的 X、Y 和 Z 值，单位为 mm；如果没有定义工件坐标系，那么就以大地坐标系为基准。

第⑤部分的四个数用于描述工具坐标系的方位，它可以标识工具的姿势。

第⑥部分的四个数表示的是机器人轴配置数据。其中，前三个数据是第 1、4、6 轴在目标点处转的角度分区，第四个数据默认为 0。

第⑦部分是定义外部轴的位置，以 mm 为单位。如果没有设置外部轴，就以"9E＋9"表示。

（1）程序数据的查看

在虚拟示教器的"程序数据"窗口可以查看和创建所需的程序数据。以查看 robtarget 数据类型为例，操作步骤见表 2—8。

表 2—8　程序数据类型的查看

操作步骤	操作说明	操作示意图
1. 程序数据选择	单击"ABB"菜单，选择"程序数据"，如右图所示。	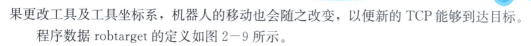

续表

操作步骤	操作说明	操作示意图
2. 程序数据查看	在弹出的对话框中选择"全部数据类型",则显示所有数据类型,如右图所示。也可以选中数据类型,单击"显示数据",查看该数据类型。	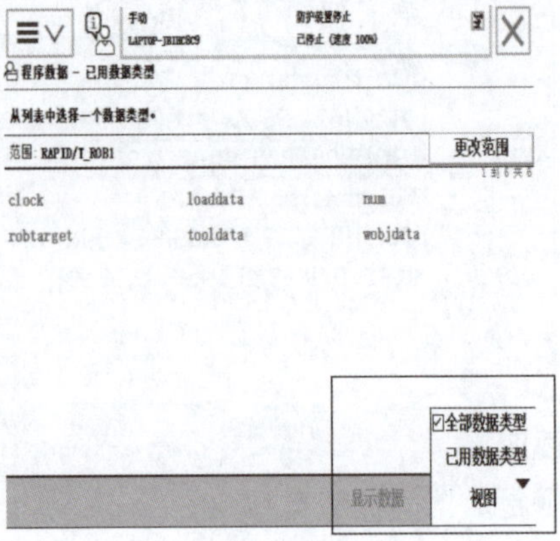
3. 程序数据创建	选择"robtarget"数据类型,即可查看程序定义的所有 robtarget 数据类型,如右图所示。也可以在该页面下新建该数据类型。 注意:新建数据类型时,注意变量的作用范围和存储类型。	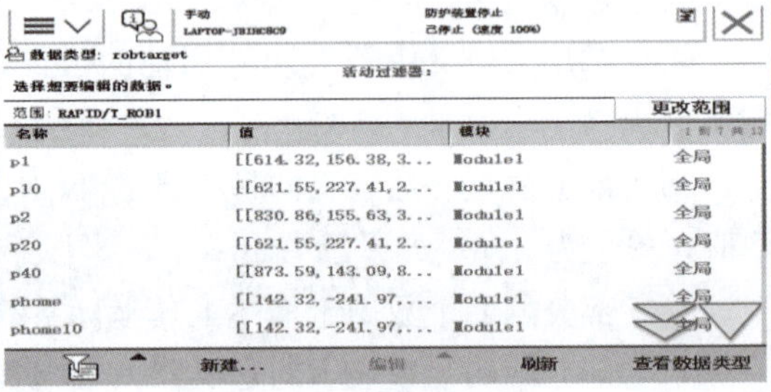 (a) 查看数据类型 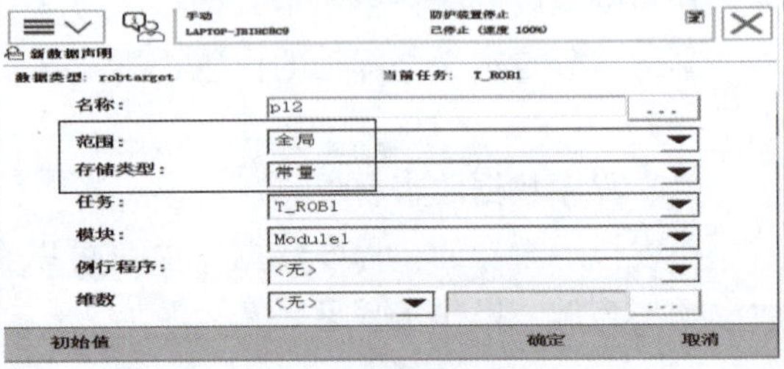 (b) 新建数据类型

(2) 数据的存储类型

对数据的存储主要有三种类型:变量 VAR、可变量 PERS 和常量 CONST。

• 变量 VAR

变量 VAR 的特点是数据在程序执行过程中会保持当前值(随程序的运行而发生变化),一旦程序指针移到主程序,数值会丢失。也就是说,如果程序运行到变量型赋值语句时,会执行赋值语句,指针复位后,恢复为初始值。

举例说明:

VAR num number :=1;　　　　　名称为 number 的数值型数据

VAR string name :="Show";　　名称为 name 的字符串数据

VAR bool finish :=false;　　　　　名称为 finish 的布尔型数据

● 可变量 PERS

可变量 PERS 的特点是数据在程序执行过程中会保持当前值（随程序的运行而发生变化），但是无论程序指针如何，该数据都会保持最后一次的值。

举例说明：

PERS　num　nbr :=1;　名称为 nbr 的数值型数据

PERS　string　test :="Hello";　名称为 test 的字符串数据

在机器人执行的 RAPID 程序中，也可以对可变量存储类型程序数据进行赋值。在程序执行以后，赋值的结果会一直保持，直到对其进行重新赋值。

● 常量 CONST

在定义时赋初始值，在程序运行过程中不会发生变化，即在定义时已赋予了数值，在程序运行中不会发生变化，除非手动修改（用指令重新赋值）。

举例说明：

CONST　num　gravity :=9.81;　名称为 gravity 的数值型数据

CONST　string　greating :="Hello";　名称为 greating 的字符串数据

说明：模块、例行程序、数据和标签命名规则如下。

①首个字符必须为字母，其余部分可采用字母、数字或下划线。

②最长不超过 32 个字符，不区分大小写。

③不能使用 RAPID 语言事先定义并赋予特殊意义的字符。

（3）数据类型

数据类型主要是解释这种数据是做什么用的（用来定义什么内容）。以关节运动指令 MoveJ 为例，"MoveJ p10,v1000,z50,tool0"指令调用了四个程序数据，见表 2—9。

表 2—9　程序数据说明

程序数据	数据类型	数据类型说明
p10	robtarget	机器人运动目标位置数据
v1000	speeddata	机器人运动速度数据
z50	zonedata	机器人运动转弯数据
tool0	tooldata	机器人工具数据 TCP

目前 ABB 机器人有 100 多个程序数据，还可以自己创建新的数据类型。根据不同的数据用途，定义了不同的程序数据类型，除了表 2—9 外，表 2—10 列举了机器人系统中其他常用的程序数据类型。

表 2—10　常用程序数据

数据类型	数据类型说明	数据类型	数据类型说明
bool	布尔型	pose	坐标转换

59

续表

数据类型	数据类型说明	数据类型	数据类型说明
byte	整型数据 0~255	pos	位置数据（只有 X、Y 和 Z）
clock	计时数据	string	字符串
jointtarget	关节位置数据	trapdata	中断数据
loaddate	存储载荷相关数据	wobjdata	存储工件坐标系相关信息
num	数值型数据	zonedata	TCP 转弯半径数据

任务考核表

本项目任务考核见表 2—11。

表 2—11　任务考核表

内容	考核要点	考核标准	配分	评价结果	
任务名称		工业机器人涂胶工作编程与仿真			
姓名			学号		
小组成员					
				自评	教师
职业素养	信息检索	能有效利用网络、图书资源查找有用的信息等；能将查到的信息有效地传递到工作中	10		
	参与态度	积极主动与教师、同学交流，相互尊重、理解、平等；与教师、同学之间能够保持多向、丰富、适宜的信息交流	10		
		能处理好合作学习和独立思考的关系，做到有效学习；能提出有意义的问题或能发表个人见解	10		
专业技能	工业机器人涂胶工作站创建及运行	工业机器人涂胶工作站系统创建	10		
		工业机器人示教器操控	10		
		涂胶工作站程序创建	10		
		涂胶工作站程序数据修改	10		
		涂胶工作站路径规划与调试	10		
		涂胶机器人零件拾取	5		
	安全与素养考核	工位保持清洁	5		
		着装规范、整洁，佩戴安全帽	5		
		操作规范，爱护设备	5		
总结反馈建议					

拓展阅读

从事故案例看安全学习的重要性

事故案例：2019 年 6 月 6 日凌晨 5 时 29 分，某冶炼厂熔铸工序 307 班锌锭码垛作业线机械臂主操手（小组长）金某在自动码锭机组未停机情况下，从未关闭的隔离栏安全门进入自动码锭机作业区域，在机械臂作业半径内进行场地卫生清扫。5 时 30 分，金某行走至码锭机取锭位置与机械臂区间时，工业机器人自动旋转取锭，瞬间将金某推倒在顶锭装置上，锌锭抓取夹具挤压在金某左部胸腔。6 时 05 分，120 救护人员赶到现场实施抢救，后送往某县第二人民医院（某镇卫生院），金某经抢救无效死亡。

事故分析：

（1）金某违反《机械臂安全环保技术操作规范》中的"严禁在机械臂作业时进入作业区域空间"和"机械臂断电后，操作人员方可进入作业半径内"的规定，违章进入自动码锭机机械臂作业半径区域进行清扫作业。

（2）违反"十条禁令"的行为未能得到有效遏制和杜绝，金某违反第八条"严禁违章穿越或进入正在运转的设备设施"，导致事故发生。

（3）对《机械臂安全环保技术操作规范》《机械臂技术规范》教育培训不到位，未组织有针对性的复岗培训考试，培训质量不高，员工安全风险防范意识不强。

（4）安全防护设施不完善，隔离栏安全门与机械臂未有效连锁。

（5）现场人员未能清晰掌握机械臂手臂发生人员困住的解救措施，应急处置能力不足。

目前，工业机器人发生事故次数占总事故次数的比重较大，根据《关于工业机器人的事故分析及其对策》调查结果，各种事故发生率见表 2—12，因此，在操控工业机器人过程中，应严格遵照国家标准（工业机器人安全规范）和企业操作规范。

表 2—12　机器人事故原因调查统计分析

事故原因	事故发生率/%
正常操作中机器人的误动作	5.6
正常操作中周围设备的误动作	5.6
工作人员不慎接近机器人	11.2
示教及实验操作过程中机器的误动作	16.6
示教及实验操作过程中周围设备的误动作	16.6
人工操作时机器人的误动作	16.6
检查、调整、修理过程中机器人的误动作	16.6
其他	11.2

资料来源：

1. https://www.sohu.com/a/325049762_120206578.

2. 张世翔. 关于工业机器人的事故分析及其对策 [J]. 工业安全与环保，2002（3）：26—29.

项目三
工业机器人工件拾取编程与仿真

项目引入

随着科技的发展，工业机器人应用越来越广泛，在工业自动化系统中，部分工业机器人被用于拾取零件，即工业机器人末端安装不同的执行器，完成将各种不同形状和状态的工件从一个工作位置拾取到另一个工作位置，以减轻工人的劳动。随着技术进步，拾取工作通常会配有一个或多个传感器（诸如相机）、照明系统和视觉系统。

项目引入

本项目重点培养学生对工业机器人工件拾取路径规划的能力，掌握工业机器人在拾取领域的应用，并不涉及机器视觉部分。

知识目标

1. 熟悉用户自定义工具创建；
2. 掌握事件管理器参数配置；
3. 熟悉工业机器人 I/O 信号。

能力目标

1. 能够创建用户自定义工具；
2. 能够运用事件管理器完成拾取工作；
3. 能够选择合适的运动指令完成工件拾取工作。

工业机器人应用编程"1+X"证书技能要求

工业机器人应用编程"1+X"证书（初级）技能要求	
3.1	基本程序示教编程
3.2.1	能够根据工作任务要求，编制搬运等工业机器人应用程序
3.2.2	能够根据工业流程调整要求及程序运行结果，对搬运等工业应用程序进行调整

 职业素养的养成

1. 在操控工业机器人的过程中，严格遵照国家标准（工业机器人安全规范）和企业操作规范，培养安全实验、规范操作的良好习惯。
2. 在机器人示教过程中，培养学生认真细致、精益求精的工匠精神。

 学习导图

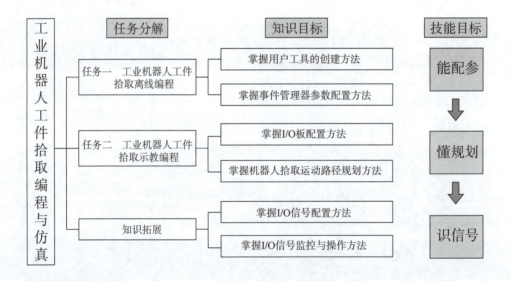

任务一　工业机器人工件拾取离线编程

 任务提出

对于各种不同形状和状态的工件，当 RobotStudio 模型库中无法提供用户所需工具时，可以通过创建用户工具方式将所需工具安装在法兰盘末端，并建立 I/O 信号完成工件拾取工作。本任务重点学习以下内容：
1. 创建用户自定义工具；
2. 配置事件管理器参数；
3. 工业机器人拾取工件运动轨迹调试及运行。

任务实施

3.1.1 创建用户工具

创建工业机器人工作站时，工业机器人法兰盘末端经常会安装用户自定义的工具。我们希望用户自定义的工具能够像 RobotStudio 模型库中的工具一样，安装时能够自动安装到机器人法兰盘末端并保证坐标方向一致，并且能够在工具的末端自动生成工具坐标系，从而避免工具方面的误差。如图 3－1 所示，本节将以导入的 3D 模型来创建具有机器人工作站特性的工具。

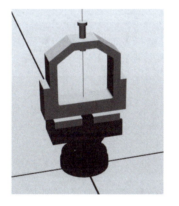

图 3－1 导入的 3D 模型

工业机器人工件
拾取离线编程

工具安装原理：工具模型的本地坐标系与机器人法兰盘坐标系 tool0 重合，工具末端的工具坐标系框架即作为机器人的工具坐标系，具体步骤见表 3－1。

表 3－1 创建用户工具

操作步骤	操作说明	操作示意图
1. 设定工具的本地原点	新建空工作站，选择 IRB1410 机器人导入，创建系统，在"建模"功能选项卡中，单击"导入几何体"→"浏览几何体"，找到所要导入的模型，单击"打开"按钮，完成模型"吸盘"的导入。	

65

操作步骤	操作说明	操作示意图
1. 设定工具的本地原点	（1）通过"三点法"方式重置"吸盘"，将其法兰盘所在平面与XY平面重合，如右图所示。	
	（2）旋转视角，选择捕捉对象，第1、2、3点及其坐标设置如右图所示，单击"应用"按钮。	
	（3）旋转视角，选择捕捉"圆心"，捕捉法兰盘中心作为本地原点的位置，单击"应用"按钮，如右图所示。	
2. 创建工具坐标系框架	（1）单击"框架"，选择"创建框架"，如右图所示。	

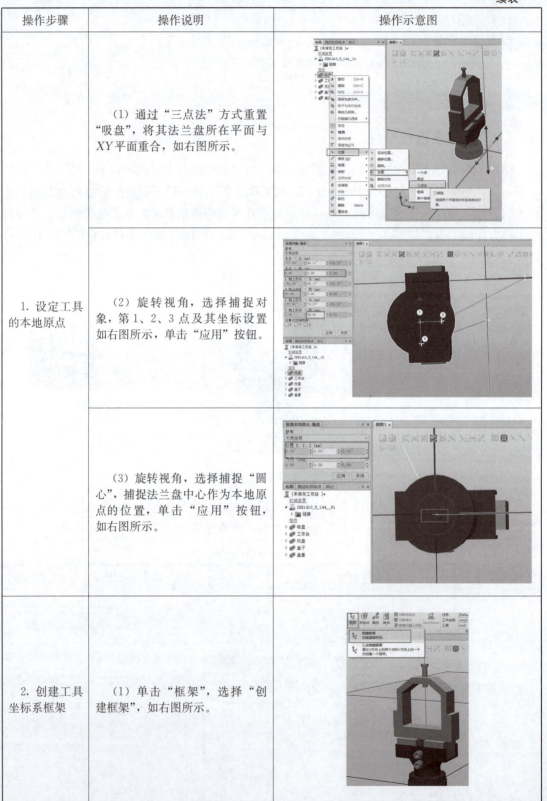

操作步骤	操作说明	操作示意图
2. 创建工具坐标系框架	（2）选择"吸盘"末端圆心作为框架的位置，如右图所示，框架方向设为（0，0，0），然后单击"创建"按钮。	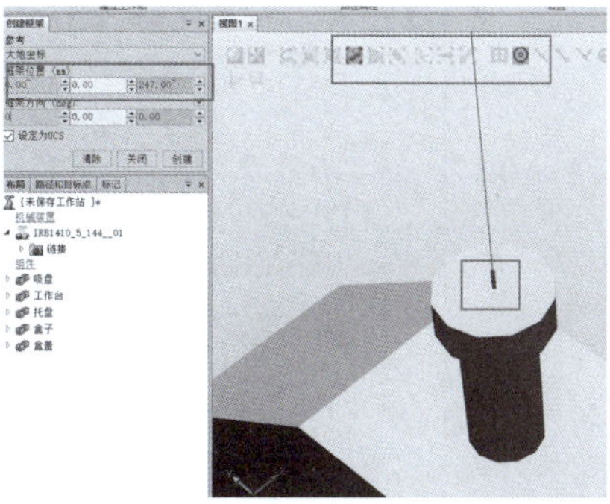
	（3）设定"吸盘"位置，右击"吸盘"，选择"位置"→"设定位置"，位置设为（0，0，0），方向设为（0，0，0），然后单击"应用"按钮，如右图所示。	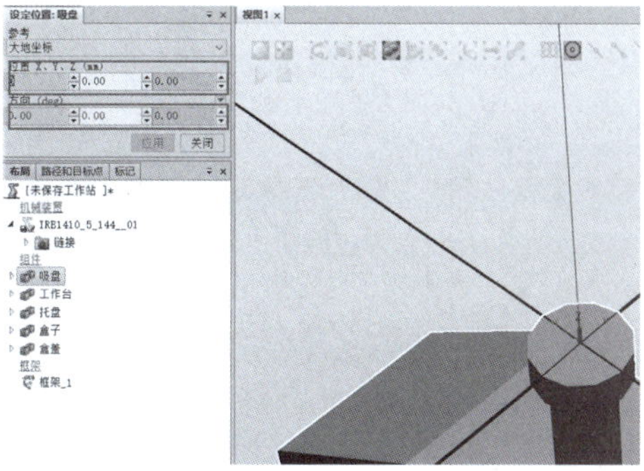
	（4）观察创建工具坐标时 Z 轴是否与表面垂直，当不垂直时，右击"框架_1"，选择"设定为表面的法线方向"，捕捉吸盘末端表面，方向设为（0，0，0），然后单击"应用"按钮，如右图所示，本图中不做修改。	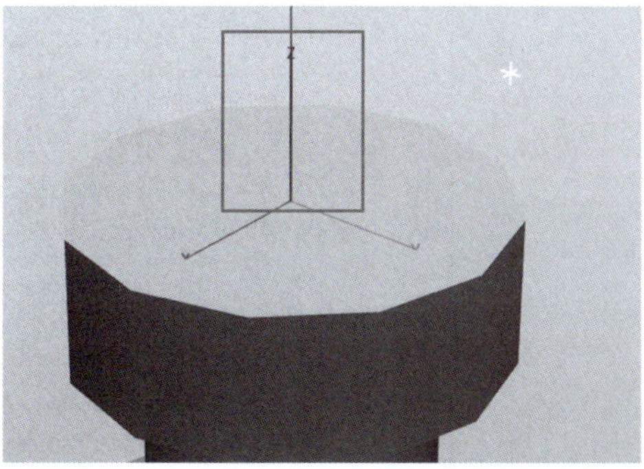
	（5）沿 Z 轴正方向移动框架 2 mm，右击"框架_1"，选择"设定位置"，位置设为（0，0，2），方向设为（0，0，0），然后单击"应用"按钮，如右图所示。	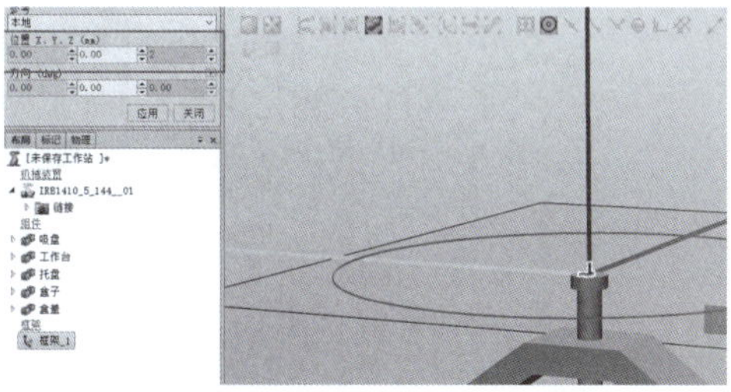

续表

操作步骤	操作说明	操作示意图
3. 创建工具	（1）在"建模"功能选项卡中，单击"创建工具"按钮，如右图所示。	
	（2）选择使用已有的部件"吸盘"，单击"下一个"按钮，如右图所示。	
	（3）框架选择"框架_1"，单击"添加"按钮，然后单击"完成"按钮，如右图所示。	
	（4）创建完成后，"布局"选项卡中生成相应图标，如右图所示。	

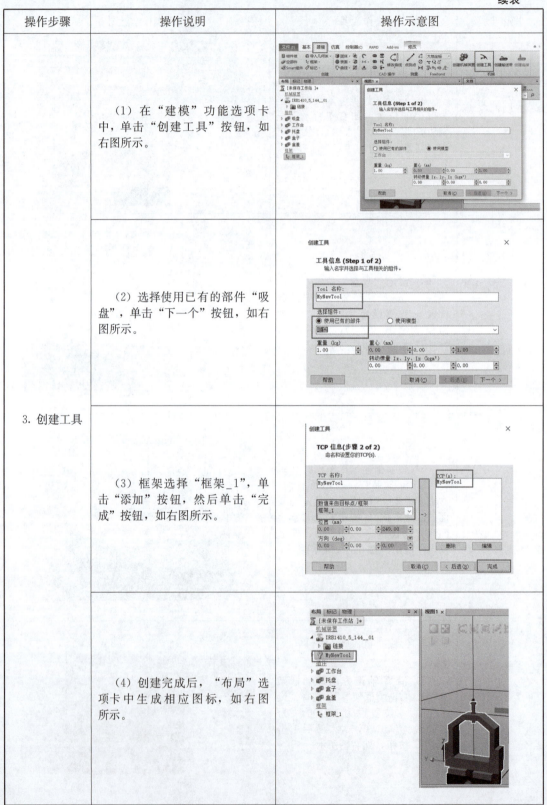

续表

操作步骤	操作说明	操作示意图
4. 安装验证工具	（1）单击"MyNewTool"，按住左键不放并拖到IRB1410上，然后在弹出的"更新位置"窗口中单击"是（Y）"按钮，如右图所示。	
	（2）完成工具的安装，如右图所示。	

3.1.2 基于事件管理器的拾取工具运动机构创建

RobotStudio 软件是 ABB 机器人的专用离线仿真软件，它除了带有一个完整的机器人模型库外，还带有一个包含工具、工装等外围设备的设备库。然而这个设备库并不是包罗万象的，很多仿真中需要的设备模型都没有提供，所以就需要仿真人员自己来制作。Robot-Studio 软件中拾取工具运动机构的创建见表 3—2。

基于事件管理器拾取工具运动机构创建

表 3—2　拾取工具运动机构创建

操作步骤	操作说明	操作示意图
1. 机器人工作站的准备	在上一节工作站的基础上，导入相关几何体，如右图所示。	

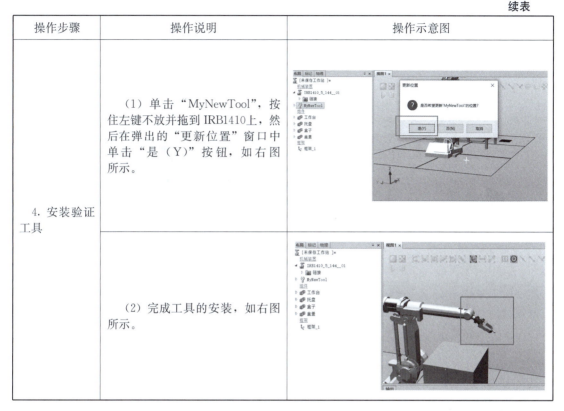

续表

操作步骤	操作说明	操作示意图
2. 配置拾取控制信号	（1）单击"控制器"菜单下的"配置"编辑器下的小三角按钮，在弹出的下拉菜单中选择"I/O System"，如右图所示。	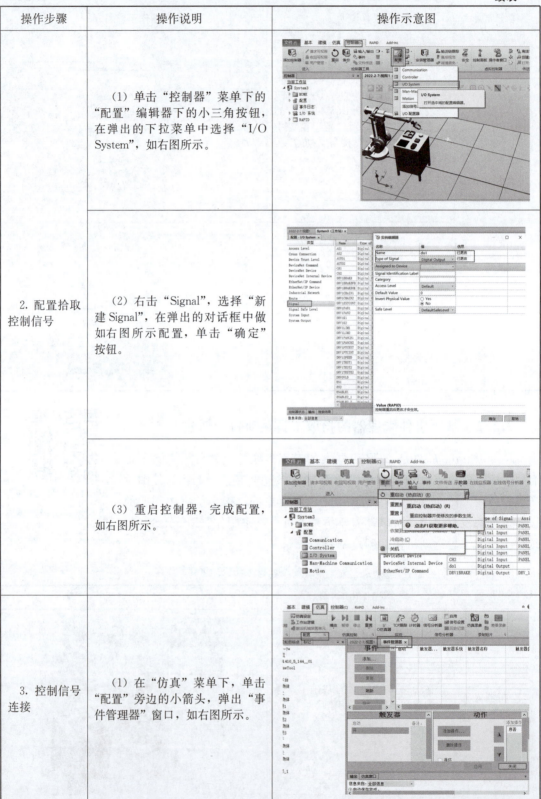
	（2）右击"Signal"，选择"新建Signal"，在弹出的对话框中做如右图所示配置，单击"确定"按钮。	
	（3）重启控制器，完成配置，如右图所示。	
3. 控制信号连接	（1）在"仿真"菜单下，单击"配置"旁边的小箭头，弹出"事件管理器"窗口，如右图所示。	

续表

操作步骤	操作说明	操作示意图
3. 控制信号连接	（2）在"事件管理器"窗口中，单击"添加…"按钮，弹出"创建新事件－选择触发类型和启动"对话框，保持默认选择，单击"下一个"按钮，如右图所示。	
	（3）在"创建新事件－I/O信号触发器"对话框中选择"do1"，单击"下一个"按钮，如右图所示。	
	（4）在"创建新事件－选择操作类型"对话框的"设定动作类型"下选择"附加对象"，单击"下一个"按钮，如右图所示。	
	（5）在"创建新事件－附加对象"对话框中选择"盒盖"，"安装到"选择"MyNewTool"，单击"完成"按钮，如右图所示。	

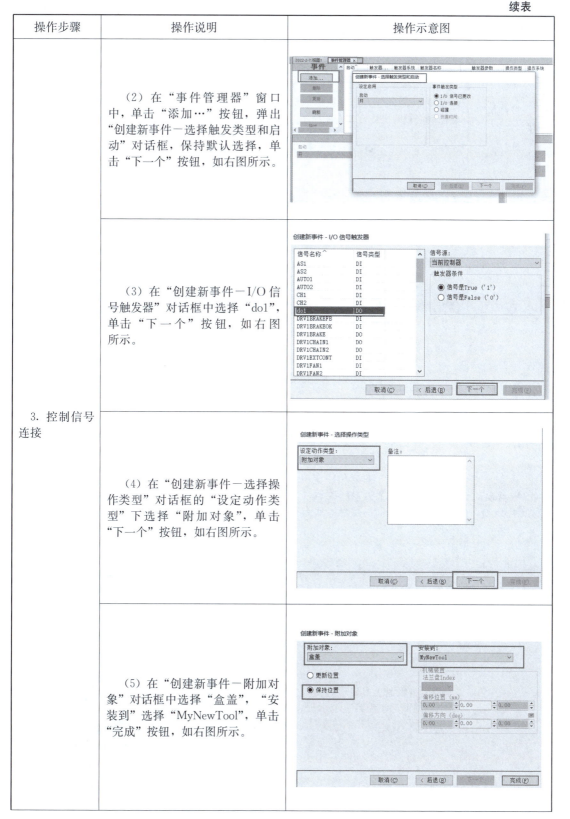

续表

操作步骤	操作说明	操作示意图
3. 控制信号连接	（6）使用同样方法完成提取对象控制信号的操作，如右图所示。	
4. 吸盘运动路径创建	（1）创建空路径"Path_10"，选择合适位置作为机器人的起始位置，修改运动指令，作为第一个示教点，如右图所示。	
	（2）将吸盘工具定位在盒盖表面中心位置正上方，修改运动指令，作为第二个示教点，如右图所示。	
	（3）将吸盘工具定位在盒盖表面中心位置，作为第三个示教点，如右图所示。	

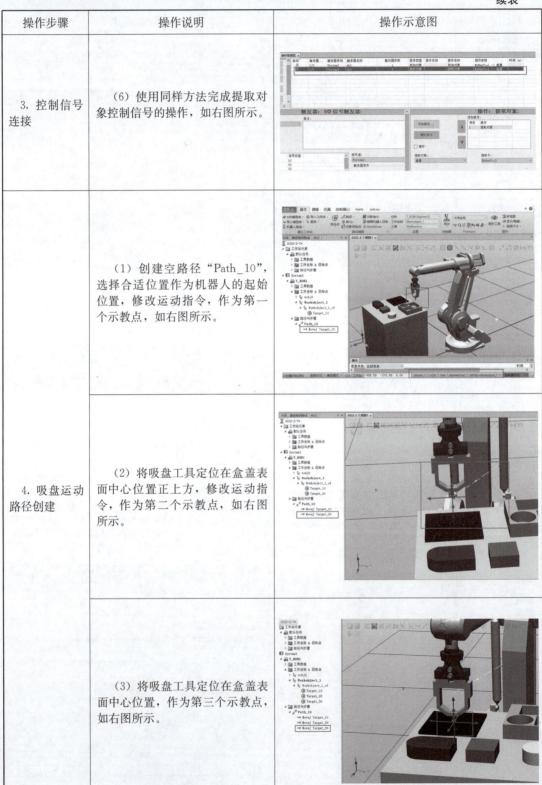

项目三 工业机器人工件拾取编程与仿真

续表

操作步骤	操作说明	操作示意图
4. 吸盘运动路径创建	（4）选择"MoveJ Target_30"，右击，选择"插入逻辑指令"，如右图所示。	
	（5）在"创建逻辑指令"窗口的"指令模板"下选择"Set"，"指令参数"中，"Signal"选择"do1"，单击"创建"按钮，如右图所示。	
	（6）在"创建逻辑指令"窗口的"指令模板"下选择"WaitTime"，"指令参数"中，"Time"选择"1"，单击"创建"按钮，如右图所示。	

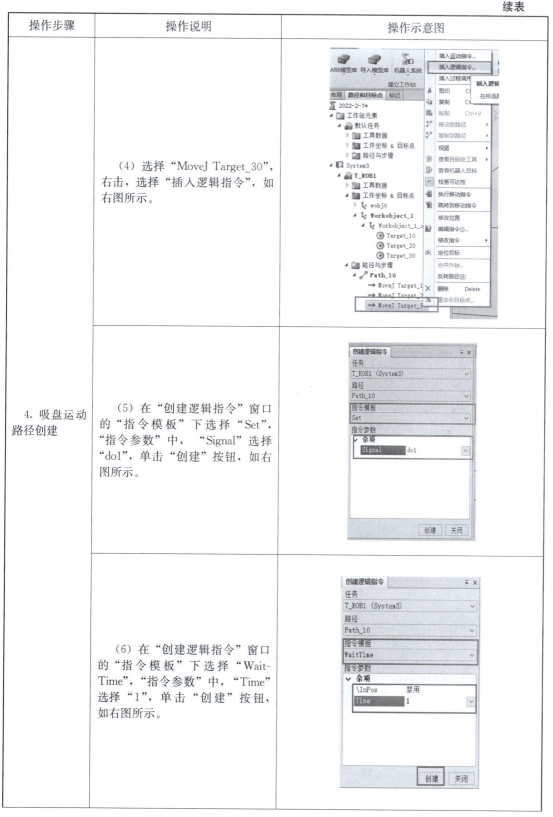

续表

操作步骤	操作说明	操作示意图
4. 吸盘运动路径创建	（7）复制并粘贴路径"MoveJ Target_20"和"MoveJ Target_10"，如右图所示。	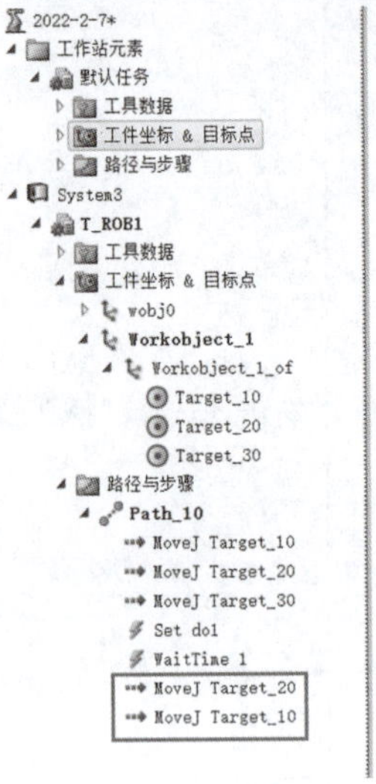
	（8）为了准确放置盒盖，可将盒盖先放置在盒子上方，捕捉盒盖中心点，定位示教点 MoveJ Target_40，如右图所示。	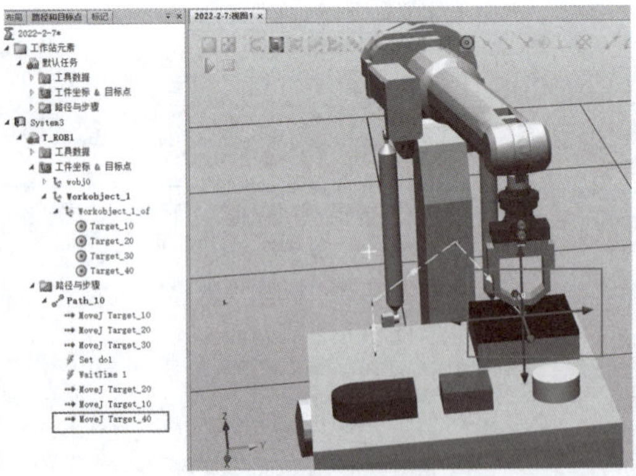
	（9）将吸盘工具沿 Z 轴上移，定位示教点 MoveJ Target_50，将此指令插入 MoveJ Target_40 指令上方，如右图所示。	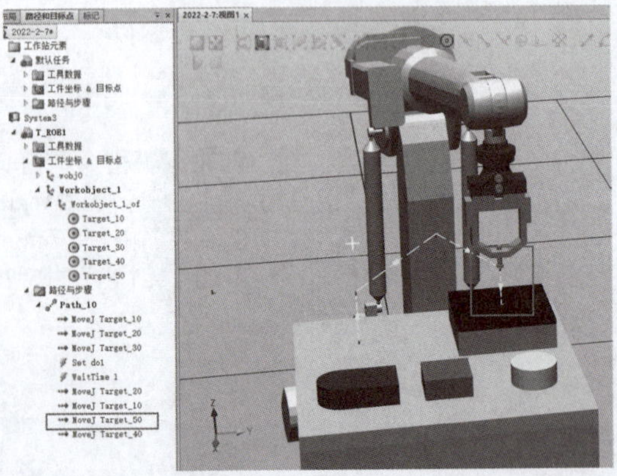

项目三 工业机器人工件拾取编程与仿真

续表

操作步骤	操作说明	操作示意图
4. 吸盘运动路径创建	（10）添加逻辑指令 Reset do1 及 WaitTime 1，如右图所示。	
	（11）复制并粘贴两条指令，回到起始位置，如右图所示。	
	（12）完成仿真运行，如右图所示。	

3.1.3 拾取练习

如图 3－2 所示，完成模型一、模型二、模型三的拾取操作仿真。

吸盘路径运动创建

75

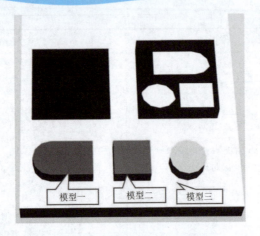

图 3—2　工件拾取任务路径规划

任务二　　工业机器人工件拾取示教编程

 任务提出

对于工业机器人工件拾取示教编程，首先需要创建 I/O 信号，即通过输出信号置位复位完成工件的抓取和放置。本任务重点学习以下内容：

1. DSQC 651 板的总线连接及配置；
2. I/O 信号的创建；
3. 工业机器人工件拾取运动轨迹调试及运行。

任务提出

 任务实施

3.2.1　ABB 标准 I/O 板配置

ABB 最常用的 I/O 板是 DSQC 651，通过 X5 端子与 DeviceNet 现场总线进行通信。DSQC 651 板的总线连接与参数配置的操作步骤见表 3—3。

ABB 标准 IOB 板配置

项目三 工业机器人工件拾取编程与仿真

表 3-3 DSQC 651 板的总线连接与参数配置

操作步骤	操作说明	操作示意图
1. DSQC 651 板的总线连接	单击"ABB"菜单，选择"控制面板"，在弹出的对话框中选择"配置"，出现"配置"界面，选择"DeviceNet Device"，进行 DSQC 651 模块的设定，如右图所示。	
	在弹出的对话框中单击"添加"按钮，进入"配置"界面。在"使用来自模板的值："处选择"DSQC 651 Combi I/O Device"，如右图所示。	

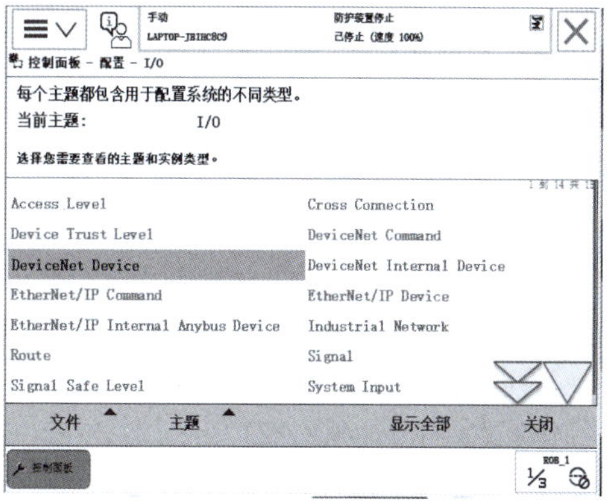

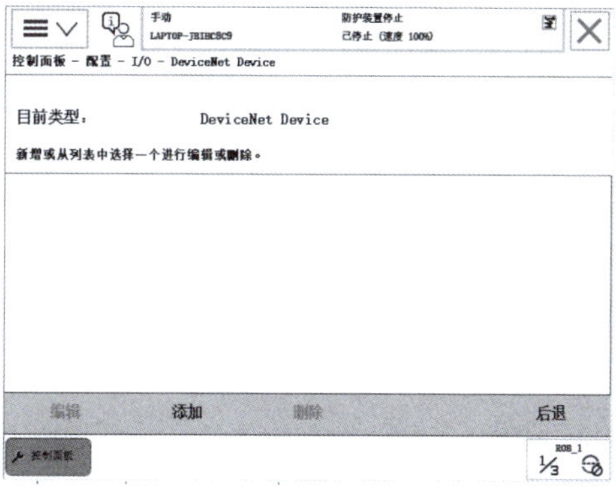

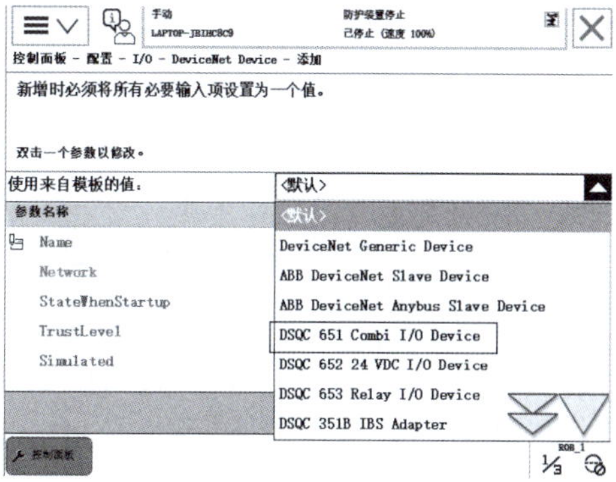

77

续表

操作步骤	操作说明	操作示意图
2. DSQC 651板参数配置	配置完参数后，单击"确定"按钮。示教器重启后，即设置完成 DSQC 651 板的总线连接，如右图所示。	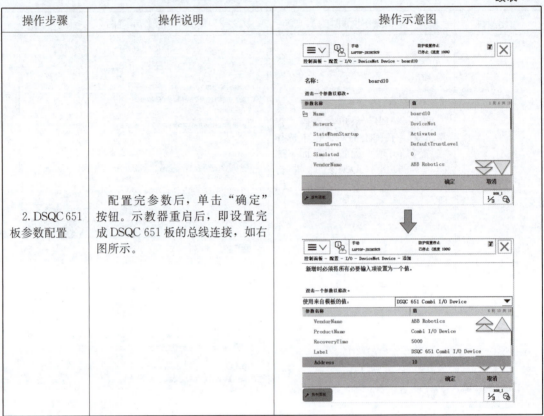

3.2.2 配置拾取 I/O 信号

机器人要完成工件拾取，需配置拾取信号（数字输出信号），拾取信号的配置步骤见表3—4。

配置 IO 信号

表 3—4 拾取信号的配置步骤

操作步骤	操作说明	操作示意图
1. 添加拾取信号	单击"ABB"菜单，选择"控制面板"，在弹出的对话框中选择"配置"，出现"配置"界面，双击"Signal"进行拾取信号的定义，如右图所示。	

78

续表

操作步骤	操作说明	操作示意图
2. 配置拾取信号	在I/O信号添加界面中，完成拾取信号定义，依据提示重启示教器，如右图所示。 参数说明： Name：设定数字输出信号的名字； Type of Signal：设定信号类型，拾取信号为数字输出信号，因此选择"Digital Output"； Assigned to Device：设定信号所在的I/O模块； Device Mapping：设定信号所占用的地址。	

3.2.3 工业机器人拾取路径示教编程

1. 工业机器人运动指令

机器人在空间中的运动指令主要有绝对位置运动指令（MoveAbsJ）、关节运动指令（MoveJ）、线性运动指令（MoveL）、圆弧运动指令（MoveC）。

工业机器人工件拾取示教编程

（1）绝对位置运动指令（MoveAbsJ）

绝对位置运动指令直接指定6个轴的角度来控制机器人运动。常用于将机器人6个轴回归原点。（注意：确定已选定工具坐标系与工件坐标系。）

指令格式：MoveAbsJ *\NoEOffs, v1000, z50, hz;

指令说明：

*：目标点位置数据；

\NoEOffs：外轴不带偏移数据。

下面以指定6个轴角度（90°，0°，0°，0°，90°，0°）为例，说明该指令操作。操作步骤见表3—5。

表3－5 MoveAbsJ指令操作

操作步骤	操作说明	操作示意图
1. 添加指令	双击"例行程序"，在弹出的例行程序界面中单击"添加指令"按钮，选择"MoveAbsJ"指令，如右图所示。	

续表

操作步骤	操作说明	操作示意图
2.修改机器人关节轴角度值	选中"*",单击"调试"按钮,选中"查看值",在弹出的界面中,修改 rax_1 和 rax_5 为 90°,其余轴为 0°,单击"确定"按钮,如右图所示。	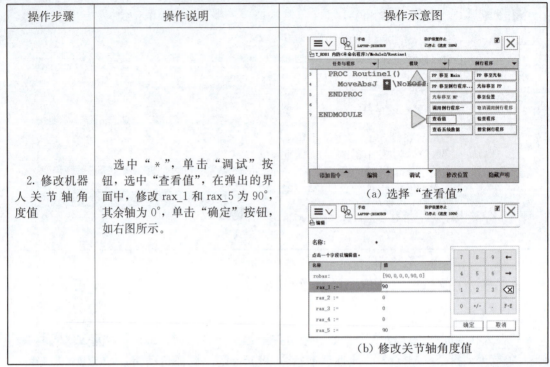 (a) 选择"查看值" (b) 修改关节轴角度值

(2) 关节运动指令 (MoveJ)

由机器人自己规划一个尽量接近直线的最合适的路线,不一定是直线,因此不容易走到极限位置。其用于精度要求不高的情况,适用于大范围的运动。

例如:MoveJ p20,v1000,fine,hz\WObj:=wobj0;

机器人以 1 000 mm/s 的速度关节运动到 p_{20} 点,如图 3-3 所示。

关节运动指令

图 3-3 关节运动指令

(3) 线性运动指令 (MoveL)

线性运动是机器人的 TCP 从起点到终点之间的路径始终保持为直线。一般用于对轨迹精度要求较高的情况。

例如:MoveL p20,v1000,fine,hz\WObj:=wobj0;

机器人以 1 000 mm/s 的速度线性运动到 p_{20} 点,如图 3-4 所示。

线性运动指令

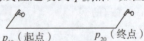

图 3-4 线性运动指令

注意:长度不能太长,否则,机器人容易走到死点位置。如果走到死点位置,可以在两个点之间插入一个中间点,把路径分成两部分。

(4) 圆弧运动指令 (MoveC)

圆弧运动指令将机器人通过中间点以圆弧移动方式运动至目标点。使用圆弧运动指令MoveC 做圆弧运动时，一般不超过 240°，所以，一个完整的圆通常使用两条圆弧指令来完成。

例如：MoveC p20,p30,v200,fine,hz\WObj:=wobj0;

机器人以 200 mm/s 的速度沿着圆弧中间点 p_{20} 运动到点 p_{30}，如图 3－5 所示。

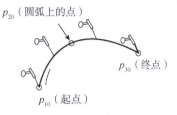

图 3－5　圆弧运动指令

圆弧运动指令

运动指令 MoveAbsJ、MoveJ 和 MoveL 的区别：

MoveAbsJ 的目标点是用六轴伺服电动机的偏转角度值来指定的。

MoveJ（及 MoveL）的目标点是用坐标系 X、Y、Z 的值来指定的。MoveJ 指令使机器人以最快捷的方式运动至目标点，机器人运动状态不完全可控，但运动路径保持唯一，常用于机器人在空间大范围移动。

MoveL 指令使机器人以线性方式运动至目标点。当前点与目标点两点决定一条直线，机器人运动状态可控，运动路径保持唯一，可能出现死点，常用于机器人在工作状态移动。

2. I/O 控制指令

I/O 控制指令用于控制 I/O 信号，以达到与机器人周边设备进行通信的目的。

IO 指令添加

(1) Set：数字信号置位指令

Set 数字信号置位指令用于将数字输出置位 "1"。

例如：Set do1;

(2) ReSet：数字信号复位指令

ReSet 数字信号复位指令用于将数字输出复位为 "0"。

例如：ReSet do1;

说明：如果在 Set、ReSet 指令前有运动指令 MoveJ、MoveL、MoveC、MoveAbsJ 的转弯区数据，必须使用 fine 才可以准确地输出 I/O 信号状态的变化。

(3) SetDO：配置数字信号的值

格式：SetDO 信号名,信号值

例如：SetDO do2,1

说明：① SetDO do2,1 等价于 Set do2。

② SetDO do2,0 等价于 ReSet do2。

③ 可以设置延迟时间。通过 "可选变量" 设置延迟时间。所谓可选变量，就是该指令可以选择性打开或关闭的功能参数。

例如：SetDO\SDelay:=0.5,do10,0;　表示延迟 0.5 s 后将 do10 设为 0。

3. 工业机器人拾取路径示教编程

学习完机器人运动指令后，需考虑拾取路径规划，一般需要示教机器人安全点（p_{10}）、拾取位置进入点（p_{20}）、拾取点（p_{30}）、放置位置进入点（p_{40}）和放置点（p_{50}）。路径规划如图 3－6 所示。

路径①为从安全点到拾取位置进入点，机器人在空间大范围运动，一般选择运动指令 MoveJ。

路径②和③为拾取位置进入点与拾取点之间的运动路径，机器人易和周边设备发生碰撞，一般选择运动指令 MoveL。

路径④为从拾取位置进入点到放置位置进入点，根据周边设备情况，选择运动指令 MoveJ 或 MoveL。

路径⑤和⑥为放置位置进入点与放置点之间的运动路径，机器人易和周边设备发生碰撞，一般选择运动指令 MoveL。

路径⑦为放置位置进入点到安全点，机器人在空间大范围运动，一般选择运动指令 MoveJ。

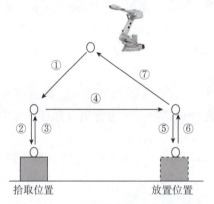

图 3－6　工业机器人拾取路径规划

工业机器人拾取路径参考程序（部分）：

```
MoveJ p10,v200,z5,hz\WObj:=wobj0;
MoveJ p20,v200,z5,hz\WObj:=wobj0;
MoveL p30,v200,fine,hz\WObj:=wobj0;
set do1;
WaitTime 1;
MoveL p20,v200,z5,hz\WObj:=wobj0;
MoveJ p40,v200,z5,hz\WObj:=wobj0;
MoveL p50,v200,fine,hz\WObj:=wobj0;
Reset do1;
WaitTime 1;
MoveL p40,v200,fine,hz\WObj:=wobj0;
MoveJ p10,v200,z5,hz\WObj:=wobj0;
```

知识拓展

3.3.1 工业机器人 I/O 信号配置

DSQC 651 板主要提供 8 个数字输入信号、8 个数字输出信号和 2 个模拟输出信号。ABB 标准 I/O 板是挂在 DeviceNet 网络上的,所以要设定模块在网络中的地址。端子 X5 的 6～12 的跳线用于决定模块的地址,地址可用范围为 10～63。下面详细介绍其他 I/O 信号(数字输入信号 di、组输入信号 gi、组输出信号 go 和模拟输出信号 ao)配置及参数说明。

1. 数字输入信号

数字输入信号定义参照数字输出信号,只需要在"Type of Signal"处选择"Digital Input"即可,操作步骤见表 3-6。

表 3-6 数字输入信号定义

操作步骤	操作说明	操作示意图
1. 添加数字输入信号	单击"ABB"菜单,选择"控制面板",在弹出的对话框中选择"配置",出现"配置"界面,双击"Signal",进行数字输入信号定义,如右图所示。	
2. 定义数字输入信号	在 I/O 信号添加界面中,在"Type of Signal"处选择"Digital Input",如右图所示。	

2. 组输入信号

组输入信号就是将几个数字输入信号组合起来使用,用于接收外围设备输入的 BCD 编码的十进制数。操作步骤见表3—7。

表3—7 组输入信号定义

操作步骤	操作说明	操作示意图
1. 添加组输入信号	单击"ABB"菜单，选择"控制面板"，在弹出的对话框中选择"配置"，出现"配置"界面，双击"Signal"，进行组输入信号定义，如右图所示。	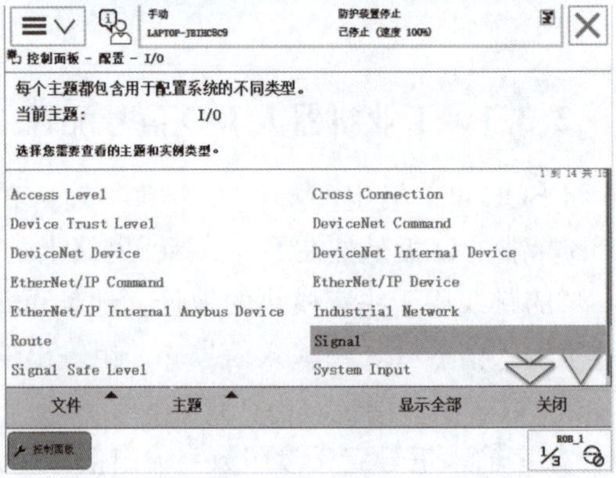
2. 定义组输入信号	在I/O信号添加界面中，在"Type of Signal"处选择"Group Input"。	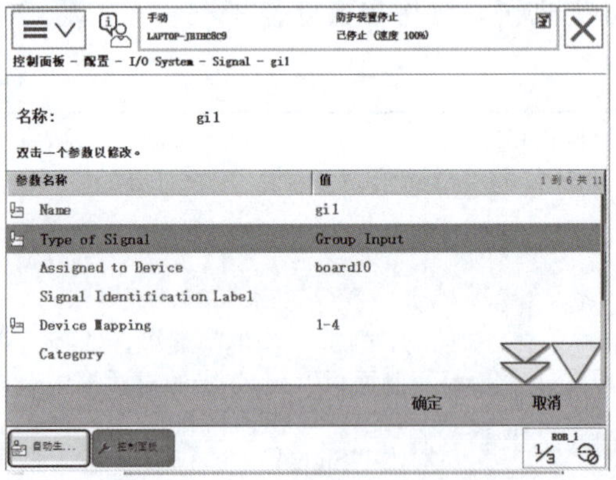

本例中组输入信号gi1占用4位地址1～4位，BCD编码可以代表十进制数0～15，组输入状态见表3—8。如果占用5位地址1～5位，BCD编码则可以代表十进制数0～31。

表3—8 组输入gi1状态

状态	地址1	地址2	地址3	地址4	十进制数
状态1	0	0	0	0	0
状态2	0	0	0	1	1
状态3	0	0	1	0	2
状态4	0	0	1	1	3
状态5	0	1	0	0	4
状态6	0	1	0	1	5
状态7	0	1	1	0	6
状态8	0	1	1	1	7
状态9	1	0	0	0	8
状态10	1	0	0	1	9

续表

状态	地址 1	地址 2	地址 3	地址 4	十进制数
状态 11	1	0	1	0	10
状态 12	1	0	1	1	11
状态 13	1	1	0	0	12
状态 14	1	1	0	1	13
状态 15	1	1	1	0	14
状态 16	1	1	1	1	15

3. 组输出信号

组输出信号定义参照组输入信号，只需要在"Type of Signal"处选择"Group Output"即可，操作步骤见表 3－9。本例中，go1 占用 4 位地址 33～36，BCD 编码可以代表十进制数 0～15，参照组输入信号状态。

表 3－9　组输出信号定义

操作步骤	操作说明	操作示意图
1. 添加组输出信号	单击"ABB"菜单，选择"控制面板"，在弹出的对话框中选择"配置"，出现"配置"界面，双击"Signal"，进行组输出信号定义，如右图所示。	
2. 定义组输出信号	在 I/O 信号添加界面中，在"Type of Signal"处选择"Group Output"。	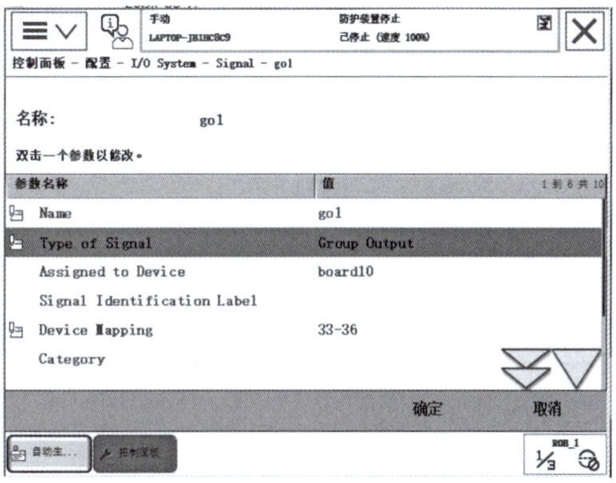

4. 模拟输出信号

模拟输出信号的定义见表 3－10。

表3—10 模拟输出信号定义

操作步骤	操作说明	操作示意图
1. 添加模拟输出信号	单击"ABB"菜单,选择"控制面板",在弹出的对话框中选择"配置",出现"配置"界面,双击"Signal",进行模拟信号定义,如右图所示。	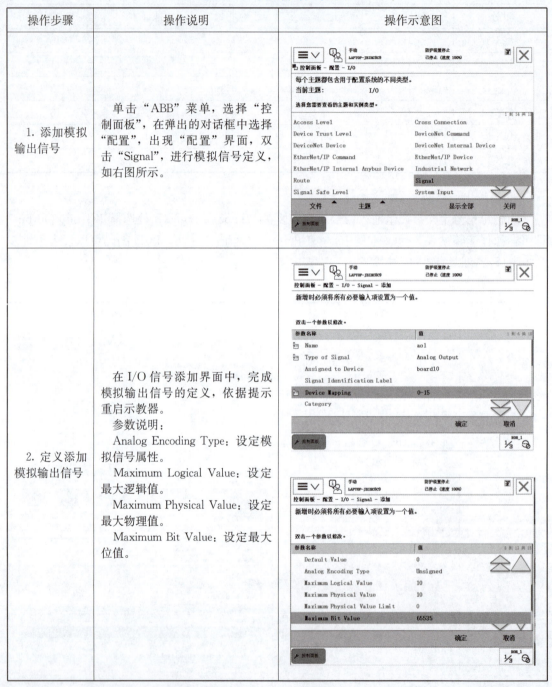
2. 定义添加模拟输出信号	在I/O信号添加界面中,完成模拟输出信号的定义,依据提示重启示教器。 参数说明: Analog Encoding Type:设定模拟信号属性。 Maximum Logical Value:设定最大逻辑值。 Maximum Physical Value:设定最大物理值。 Maximum Bit Value:设定最大位值。	

3.3.2 I/O信号的监控与操作

对机器人程序进行调试或检修时,可强制对I/O信号进行置位或复位,I/O信号的监控与操作见表3—11。

表 3－11　I/O 信号的监控与操作

操作步骤	操作说明	操作示意图
1. 查看 I/O 信号	单击"ABB"菜单，选择"输入输出"，如右图所示。	
2. 选择查看信号类型	在弹出的对话框中，单击右下角的"视图"按钮，选择需要查看的 I/O 信号类型，如右图所示。	
3. I/O 信号监控与操作	在弹出的对话框中，可监控该类型下所有的 I/O 信号，单击"仿真"按钮，可进行强制操作，如右图所示。 数字信号强制为 0 或 1。 组信号和模拟信号可设置相应值。	

任务考核表

本项目任务考核见表 3－12。

表 3－12　任务考核表

任务名称	工业机器人工件拾取编程与仿真		
姓名		学号	
小组成员			

87

续表

内容	考核要点	考核标准	配分	评价结果	
				自评	教师
职业素养	信息检索	能有效利用网络、图书资源查找有用的信息等；能将查到的信息有效地传递到工作中	10		
	参与态度	积极主动与教师、同学交流，相互尊重、理解、平等；与教师、同学之间能够保持多向、丰富、适宜的信息交流	10		
		能处理好合作学习和独立思考的关系，做到有效学习；能提出有意义的问题或能发表个人见解	10		
专业技能	工业机器人拾取工作站创建及运行	用户自定义工具的创建	10		
		工业机器人拾取工作站系统创建	10		
		工业机器人示教器操控	10		
		拾取I/O信号创建及配置	10		
		拾取工作站程序数据修改	10		
		拾取工作站路径规划与调试	5		
	安全与素养考核	工位保持清洁	5		
		着装规范、整洁，佩戴安全帽	5		
		操作规范，爱护设备	5		
总结反馈建议					

拓展阅读

学习"大国工匠"工匠精神

大国工匠事迹：

高凤林，中国航天科技集团第一研究院特种熔融焊接高级技师。在火箭发动机焊接工作岗位上，刻苦钻研，大胆创新，实现技术革命近百项。提出和创造多层快速连续焊接加机械导热等多项新工艺方法，攻克运载火箭发动机大喷管焊接难关，高标准地完成多种运载火箭重要部件的焊接任务。

2006年，丁肇中的秘书找到他，当时全球16个国家共同参与的一个项目因为技术问题被迫停止，只好邀请高凤林帮忙解决。高凤林成功地将这一困难克服，之后被任命为美国国家航空航天局特派专员。

2014年，高凤林带着3项研究成果参加了德国纽约堡国家发明展，让人难以置信的是，这三项技术全部获得第一名，成功拿下金奖，向世界证明了我国的技术。

2019年，高凤林帮助焊接发动机。这项任务需要经过3万多次精密的焊接操作，才能把它们编织在一起。在这一过程中，必要情况下，甚至 10 分钟都不能眨眼，最终该项任务顺利完成。

高凤林从未止步于自己的荣誉，总是在挑战极限，这也是高凤林能达到如此高成就的原因。几万次精密的焊接操作，连续 10 分钟不眨眼的高度紧张，对普通人来说，是几乎无法完成的事。四十多年来，高凤林凭着一双巧手，将无数火箭送上了天，高凤林所焊接的地方，是火箭的"心脏"，也是我国航天事业的关键所在。

大国工匠精神：

高凤林认为，工匠精神主要包括三个方面：

第一，从思想层面，爱岗敬业、无私奉献。没有对岗位的热爱，没有倾情的投入，没有一种无私奉献、忘我的精神状态，原动力就不会产生。

第二，从行为方面，持续专注，开拓进取。需要持续地前进，持续地进步，持续地在真理领域驰骋，要以一种不断创新的姿态去审视每天的工作，并从行为层面持续专注、开拓进取。

第三，精益求精，追求极致，这是工匠精神的核心。从目标导向或者结果层面的精益求精，追求极致，以最大的能力、能量投入产品制造过程中。

资料来源：
1. 高凤林：工匠精神的核心是精益求精、追求极致．中华人民共和国国务院新闻办公室网站（www.scio.gov.cn）．
2. 高凤林：人生无悔献航天．CCTV 节目官网．

项目四
工业机器人绘图工作站的编程与仿真

项目引入

对于一些不规则曲线,使用原来的描点法不但费时,而且精度不能保证,本项目通过机器人图形绘制来重点介绍图形化编程,即根据曲线特征自动生成工作路径。该方法同样适用于工业机器人不规则曲线路径编程,如激光切割、涂胶、焊接等。

项目引入

本项目重点培养学生根据 3D 模型的曲线特征自动转换成机器人运行轨迹的能力,省时、省力且确保轨迹精度。

知识目标

1. 掌握创建机器人轨迹曲线的方法;
2. 掌握自动路径优化的方法;
3. 掌握机器人离线轨迹编程辅助工具的使用方法。

能力目标

1. 能够创建机器人轨迹曲线;
2. 能够调整机器人目标点和轴配置参数;
3. 能够使用碰撞监控功能和 TCP 跟踪。

工业机器人应用编程"1+X"证书技能要求

工业机器人应用编程"1+X"证书（初级）技能要求	
3.3.1	能够根据工作任务要求实现典型工业机器人应用系统的仿真
3.3.2	能够根据工作任务要求实现典型应用工业机器人系统离线编程和应用调试

职业素养的养成

1. 在操控工业机器人过程中，严格遵照国家标准（工业机器人安全规范）和企业操作规范，培养安全实验、规范操作的良好习惯。
2. 在创建自动路径的过程中，引导学生思考并不断优化路径。
3. 在学习自动路径的过程中，引导学生了解科技发展，培养创新意识。

学习导图

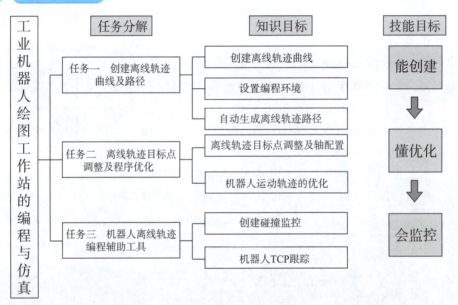

项目四　工业机器人绘图工作站的编程与仿真

任务一　创建离线轨迹曲线及路径

任务分析

采用图形化编程方式，实现五角星的绘制。通过本任务学习，重点掌握以下内容：

1. 创建五角星离线轨迹曲线；
2. 正确设置编程环境；
3. 创建机器人绘制五角星的工作路径。

任务分析

任务实施

4.1.1　创建离线轨迹曲线

利用 RobotStudio 的"表面边界"捕获五角星 3D 模型曲线，以便根据该模型曲线特征自动转换成机器人运行轨迹。创建离线轨迹曲线的操作步骤见表 4—1。

任务实施

表 4—1　创建离线轨迹曲线

操作步骤	操作说明	操作示意图
1. 搭建机器人绘图工作站	复习前三个项目，导入模型，运用一点法进行模型放置。布局完成后，创建机器人绘图工作站，如右图所示。	
2. 选择表面边界	在"建模"选项卡下，单击"表面边界"按钮，在"选择工具"栏选中表面，如右图所示。	

93

续表

操作步骤	操作说明	操作示意图
3. 创建离线轨迹曲线	单击"选择表面"输入框，选择所绘制图形，单击"创建"按钮，"布局"选项卡中出现"部件_1"，所创建的离线轨迹为白色曲线，如右图所示。	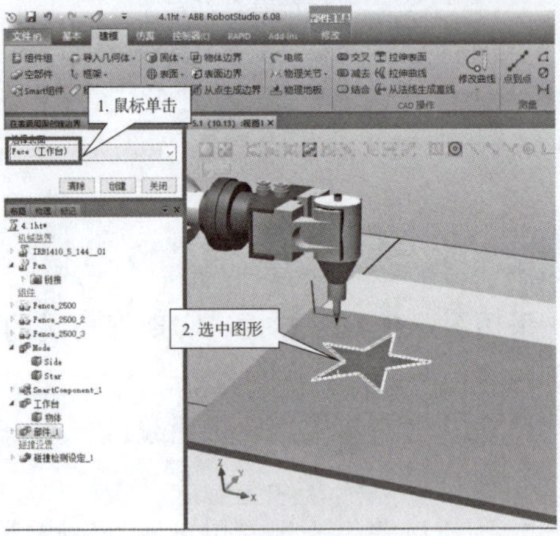

4.1.2 设置编程环境

在生成工业机器人运行轨迹前，需创建工件坐标系，以方便机器人编程或修改工作路径。同时，需修改指令速度、转角半径等参数。编程环境的设置见表4—2。

表4—2 编程环境的设置

操作步骤	操作说明	操作示意图
1. 创建工件坐标	在轨迹应用过程中，为了方便编程和路径修改，可以创建用户坐标框架。关于用户坐标的创建，可以参考工件坐标创建内容。本项目创建用户坐标（Workobject_1），如右图所示。	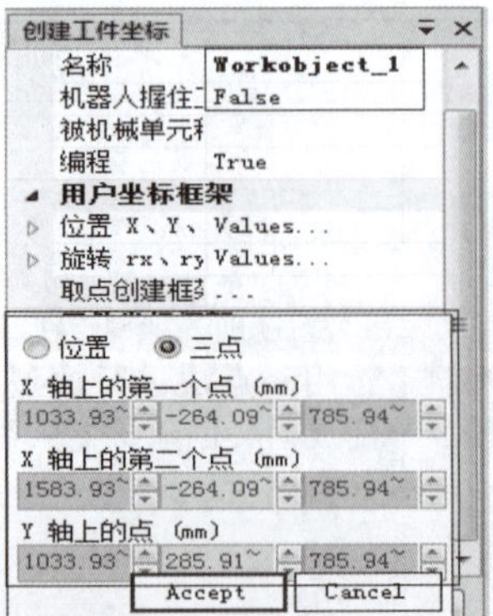
2. 设置编程环境及指令参数	在创建自动路径前，需要设置编程环境及指令参数。在"基本"功能选项卡中，设置"工件坐标"和"工具"，轨迹指令主要设置速度、转弯半径等参数，如右图所示。	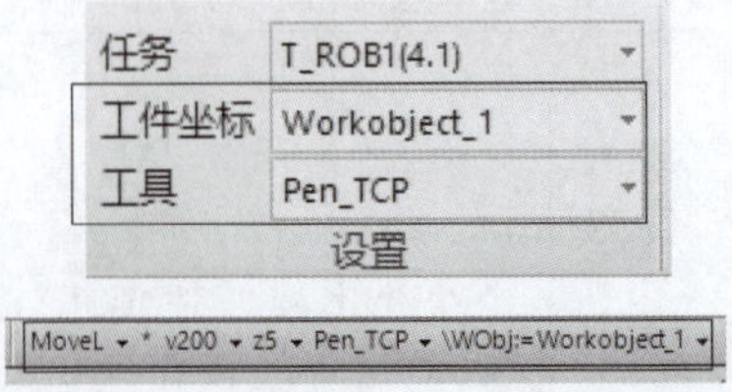

4.1.3 自动生成离线轨迹路径

自动路径生成后，后面任务可以对此路径进行相应处理，最终生成机器人运动路径。自动路径生成步骤见表4—3。

表4—3 自动路径生成

操作步骤	操作说明	操作示意图
1. 捕捉曲线	在"基本"选项卡下，单击"路径"下的"自动路径"，如右图所示。在弹出的菜单栏中，通过"选择曲线"工具，捕捉之前所建曲线。	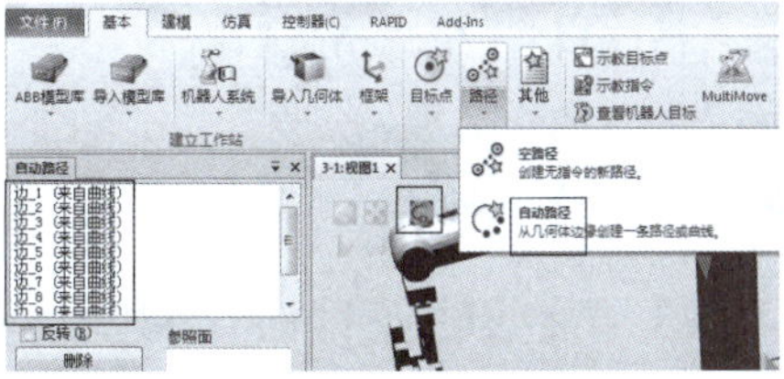
2. 设置自动路径相关参数	单击"参照面"，通过"选择表面"工具捕捉绘制图像表面。本项目其他参数如右图所示。然后单击"创建"按钮，完成自动路径 Path_10 的创建。 注意参照面的选择。	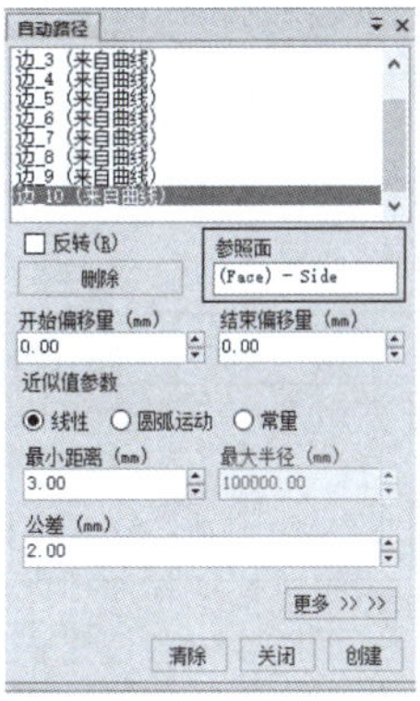

自动路径参数设置说明：
①反转：运行轨迹方向，默认顺时针方向。
②参照面：运行轨迹目标点 Z 轴方向与参照面垂直。
③近似值参数：为每个目标点生成指令形式。具体如下：
线性：为每个目标生成线性指令，圆弧部分分段线性处理。
圆弧运动：圆弧部分生成圆弧指令，线性部分进行线性处理。
常量：生成具有恒定间隔距离点。
④最小距离：设置两个生成点间的最小距离，小于该距离的点将被过滤掉。
⑤最大半径：将圆弧视为直线前确定圆的半径大小。直线视为半径无限大的圆。
⑥公差：设置生成点所允许的几何描述的最大偏差。

任务二　离线轨迹目标点调整及程序优化

任务分析

根据五角星3D模型曲线生成自动路径 Path_10，但因部分目标点姿态机器人难以到达，而且生成的自动路径缺少一些安全位置点，机器人暂时还不能按照自动生成轨迹运行。本任务需要对机器人目标点姿态进行调整，并优化自动路径。通过本任务学习，重点掌握以下内容：

1. 离线轨迹目标点调整及轴配置；
2. 自动路径优化及仿真运行。

任务实施

任务实施

4.2.1 离线轨迹目标点调整及轴配置

机器人要到达目标点，需要多个关节轴配合运动，因此，需要调整目标点并进行必要的轴配置。当目标点比较多时，可以采用"自动配置"方式完成所有目标点的轴参数配置，避免单独轴参数配置工作过于烦琐。离线轨迹目标点调整及轴配置的操作步骤见表4-4。

表 4-4 离线轨迹目标点调整及轴配置

操作步骤	操作说明	操作示意图
1. 查看目标点工具姿态	选择"路径和目标点"选项卡，查看"Workobject_1"下自动路径生成的目标点，右击"Target_10"，选择"查看目标处工具"，勾选"Pen"，即可查看该点处的工具，以方便调整目标点，如右图所示。	
2. 调整目标点工具姿态	对于机器人难以到达的目标点，可以通过右击目标点，选择"修改目标"中的"旋转"进行目标点工具姿态调整，如右图所示。本项目可以"Target_10"为参考进行批量调整。	

操作步骤	操作说明	操作示意图
3. 设置目标点调整参数	在弹出的"旋转：Target_10"对话框中，选择旋转Z，角度设置为－135°，如右图所示。	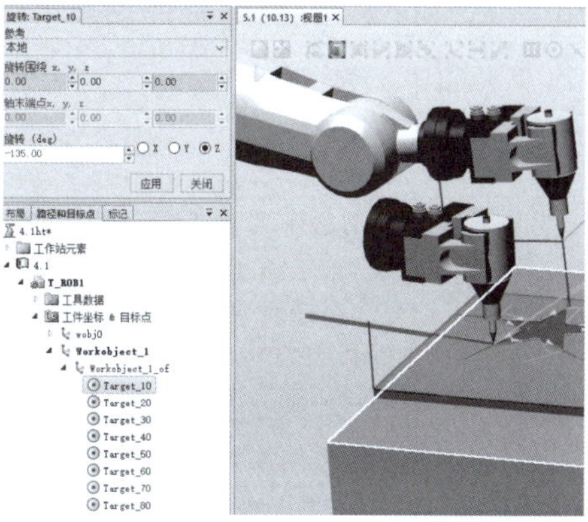
4. 批量调整目标点工具姿态	选中剩余的所有目标点，进行批量处理。选择"修改目标"中的"对准目标点方向"进行目标点工具姿态批量调整，如右图所示。	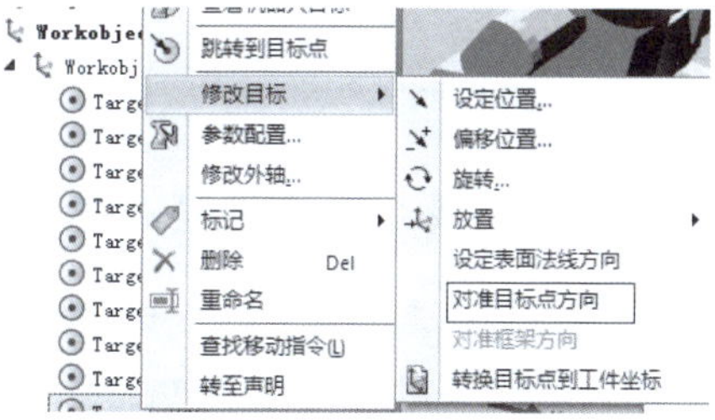
	在弹出的"对准目标点"对话框中，对所有的目标点进行批量调整，参考选择"Target_10（System5/T_ROB1）"，锁定Z轴，如右图所示。	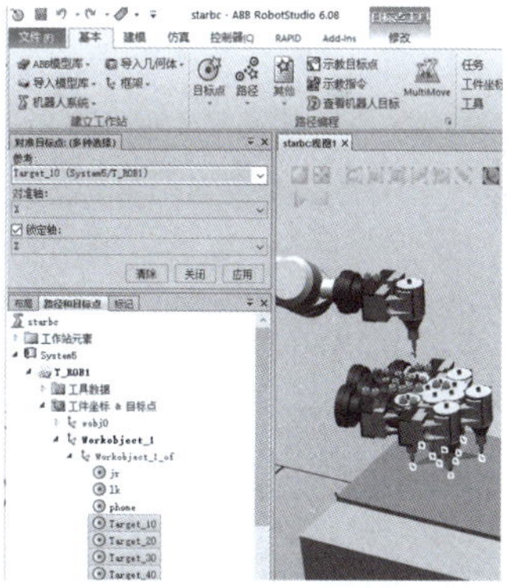
5. 自动配置轴参数	右击"Path_10"，在弹出的快捷菜单中，选择"自动配置"→"线性/圆周移动指令"，为所有目标点自动调整轴配置参数，如右图所示。	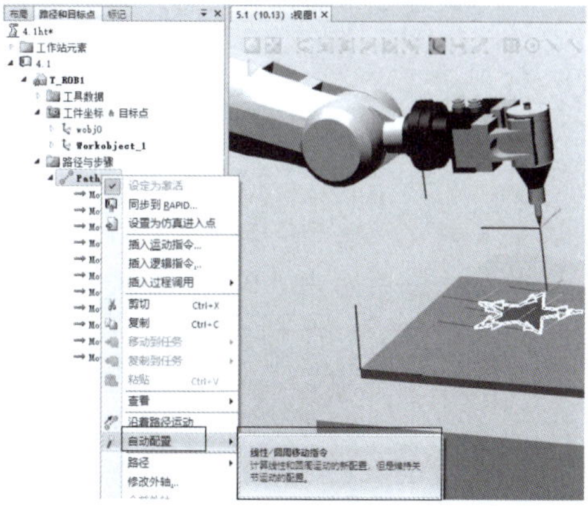

续表

操作步骤	操作说明	操作示意图
6.验证参数配置	参数配置正确后，右击"Path_10"，在弹出的快捷菜单中选择"沿着路径运动"，机器人将沿着绘制图形路径运行，以验证自动路径，如右图所示。	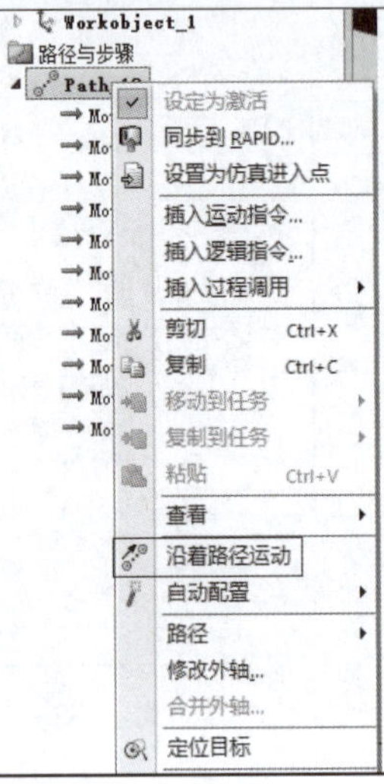

4.2.2 机器人运动轨迹的优化

绘制五角星的自动路径已创建完成，但为了确保机器人路径安全，一般还需优化机器人运动轨迹，即加入机器人安全位置点、轨迹进入点和离开点。机器人运动轨迹优化的操作步骤见表4—5。

表4—5 机器人运动轨迹的优化

操作步骤	操作说明	操作示意图
1.创建进入点	右击"Target_10"，如右图所示，在弹出的快捷菜单中选择"复制"。	
	右击"Workobject_1"，选择"粘贴"，生成新的目标点"Target_10_2"，如右图所示。	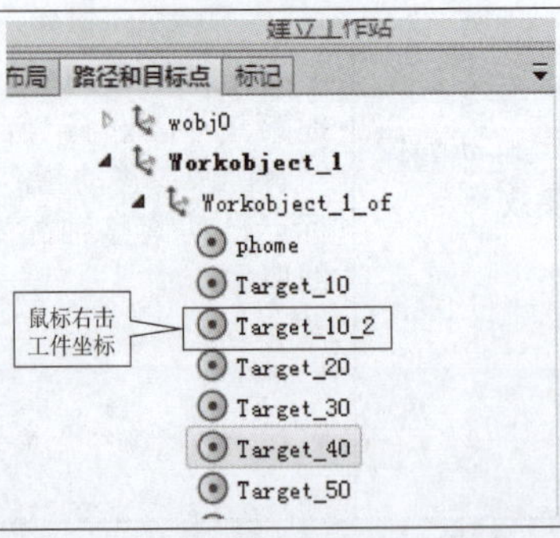

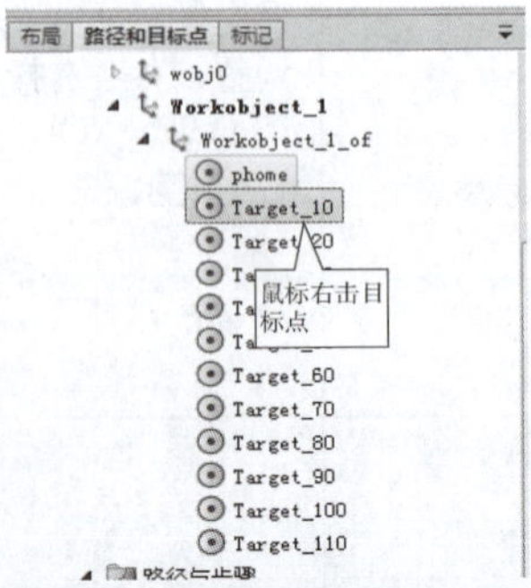

项目四 工业机器人绘图工作站的编程与仿真

续表

操作步骤	操作说明	操作示意图
2. 重命名进入点	右击"Target_10_2",在弹出的快捷菜单中选择"重命名",如右图所示,将其改名为"Approach"。	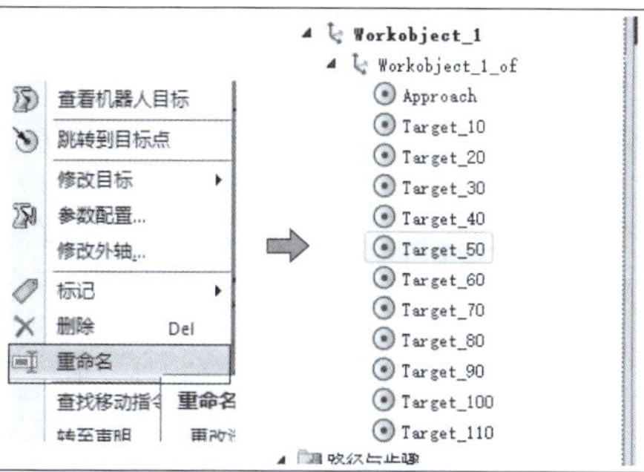
3. 修改进入点	右击"Approach",选择"修改目标"→"偏移位置…",如右图所示。	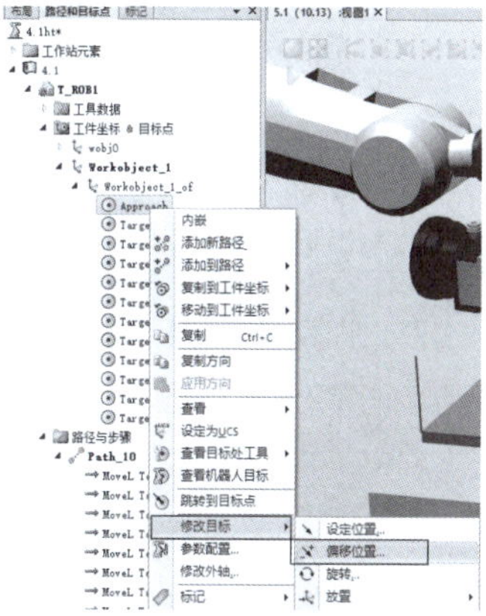
	在弹出的"偏移位置"对话框中,修改 Z 值为"－100",如右图所示,单击"应用"按钮。	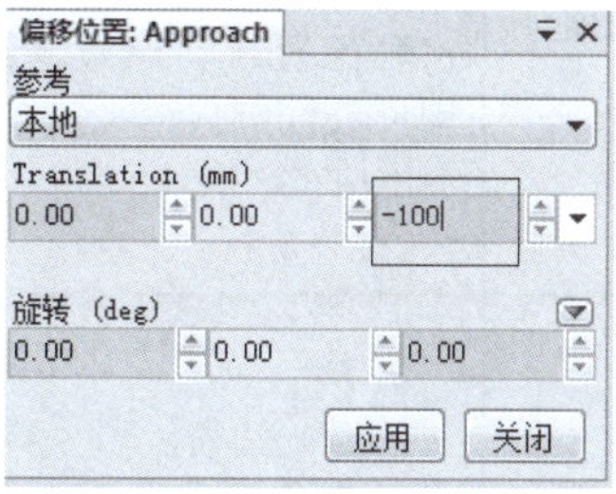
4. 添加到路径	右击"Approach",选择"添加到路径"→"Path_10"→"＜第一＞",如右图所示。	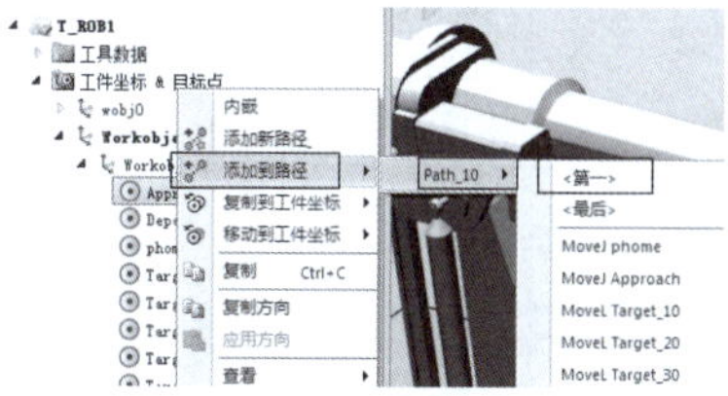
5. 创建轨迹离开点	参照进入点,复制轨迹结束点"Target_100",并重新命名为"Depart"。同样,修改位置,沿 Z 轴偏移"－100",将该目标点添加到"Path_10"中的"＜最后＞",如右图所示。	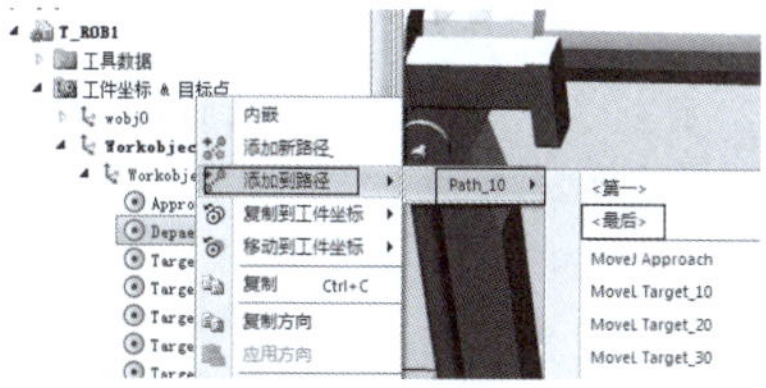

续表

操作步骤	操作说明	操作示意图
6. 创建轨迹安全点	将机器人手动调到安全位置点，确保机器人运行过程中的安全，在"基本"选项卡下单击"示教目标点"，如右图所示。将该点重新命名为"phome"，并添加到"Path_10"中的"＜第一＞"和"＜最后＞"。	
7. 修改指令	对于机器人的大范围运动，优先选用 MoveJ 指令，因此，将刚刚添加到路径中的"进入指令""离开指令"和"安全指令"均修改为"MoveJ"。右击指令，在弹出的快捷菜单中选择"编辑指令"，弹出"编辑指令"对话框，即可修改指令参数，如右图所示。	
8. 优化路径	按照上述步骤添加机器人路径的安全点、进入点和离开点，修改完成后，再次为 Path_10 进行一次轴配置自动调整，若无问题，即可进行仿真运行。优化程序如右图所示。	PROC Path_10() MoveJ phome,v1000,z5,pen\WObj:=Workobject_1; MoveJ Approach,v1000,z5,pen\WObj:=Workobject_1; MoveL Target_10,v1000,z5,pen\WObj:=Workobject_1; MoveL Target_20,v1000,z5,pen\WObj:=Workobject_1; MoveL Target_30,v1000,z5,pen\WObj:=Workobject_1; MoveL Target_40,v1000,z5,pen\WObj:=Workobject_1; MoveL Target_50,v1000,z5,pen\WObj:=Workobject_1; MoveL Target_60,v1000,z5,pen\WObj:=Workobject_1; MoveL Target_70,v1000,z5,pen\WObj:=Workobject_1; MoveL Target_80,v1000,z5,pen\WObj:=Workobject_1; MoveL Target_90,v1000,z5,pen\WObj:=Workobject_1; MoveL Target_100,v1000,z5,pen\WObj:=Workobject_1; MoveL Target_110,v1000,z5,pen\WObj:=Workobject_1; MoveJ phome,v1000,fine,pen\WObj:=Workobject_1; ENDPROC
9. 仿真设置	仿真调试前，需先将工作站同步到 RAPID，并设置为仿真进入点。鼠标右击"Path_10"，选择"同步到 RAPID…"，完成同步后，选择"设置为仿真进入点"，如右图所示。	
10. 仿真运行	在"仿真"选项卡下，单击"播放"按钮，即可运行机器人绘制五角星的程序，如右图所示。	

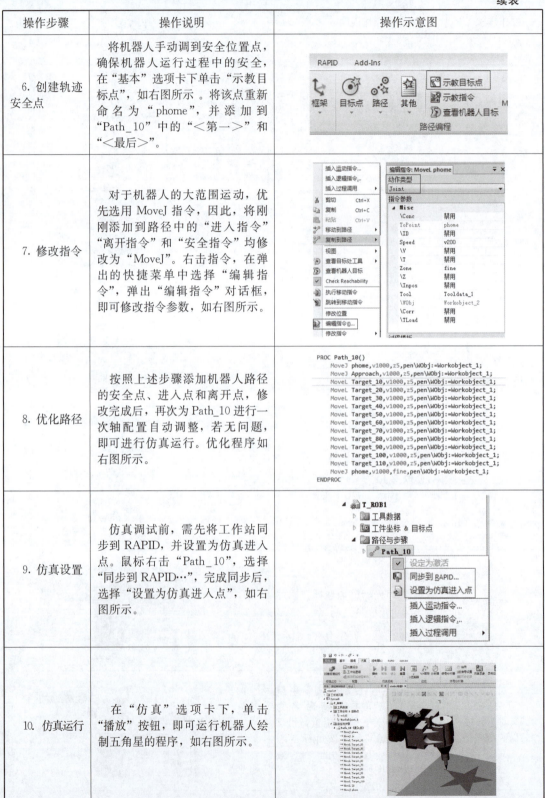

项目四 工业机器人绘图工作站的编程与仿真

任务三 机器人离线轨迹编程辅助工具

任务分析

在仿真过程中，规划好机器人运行轨迹后，一般需要验证当前机器人轨迹是否会与周边设备发生碰撞，可使用碰撞监控功能进行检测；此外，机器人执行完运动后，需要对轨迹进行分析，确认机器人轨迹是否满足需求，可通过 TCP 跟踪功能将机器人运行轨迹记录下来，用作后续分析的资料。通过本任务学习，重点掌握以下内容：

任务分析 2　　任务分析 1

1. 机器人碰撞监控功能的使用；
2. 机器人 TCP 跟踪功能的使用。

任务实施

任务实施

4.3.1 创建碰撞监控

RobotStudio 通过碰撞监控功能进行监控时，当 ObjectsA 中的任何对象与 ObjectsB 中的任何对象发生碰撞时，碰撞就会显示在图形视图里，并记录在输出窗口中。同时，还可以监控如焊接、切割时，机器人上的工具与工件表面的距离是否为合理范围（不能与工件碰撞，也不能离工件过远）。创建碰撞监控的操作步骤见表 4—6。

表 4—6　创建碰撞监控

操作步骤	操作说明	操作示意图
1. 创建碰撞监控	在"仿真"选项卡中单击"创建碰撞监控"按钮，在"布局"选项卡中会创建"碰撞检测设定_1"，如右图所示。	

101

操作步骤	操作说明	操作示意图
2. 放置碰撞监控对象	将需要检测的对象放到两组中，以检测两组对象之间的碰撞。鼠标左键选中"Pen"不松开，将其拖放到ObjectsA组中；鼠标左键选中"五角星"不松开，将其拖放到ObjectsB组中，如右图所示。	
3. 设定碰撞监控属性	右击"碰撞检测设定_1"，在弹出的快捷菜单中选择"修改碰撞监控"选项，弹出如右图所示的窗口。其中： 碰撞颜色：当选择的两组对象之间发生碰撞时，显示此颜色。 接近丢失颜色：当选择的两组对象之间的距离小于该数值时，显示此颜色。	
4. 碰撞检测显示	可以暂时不设定接近丢失数值，碰撞颜色默认为红色，利用手动拖动的方式，拖动机器人工具与工件发生碰撞，观察碰撞监控效果。拖动工具与工件接触，则颜色显示，并在输出列表框架中显示碰撞信息，如右图所示。	
5. 设定接近丢失	本项目中，机器人TCP的位置相对于工具的实体尖端，沿Z轴正方向偏移了2 mm，在"接近丢失"中设定3 mm，如右图所示。在执行整体轨迹过程中，可监控机器人工具与工件之间的距离是否过远。	

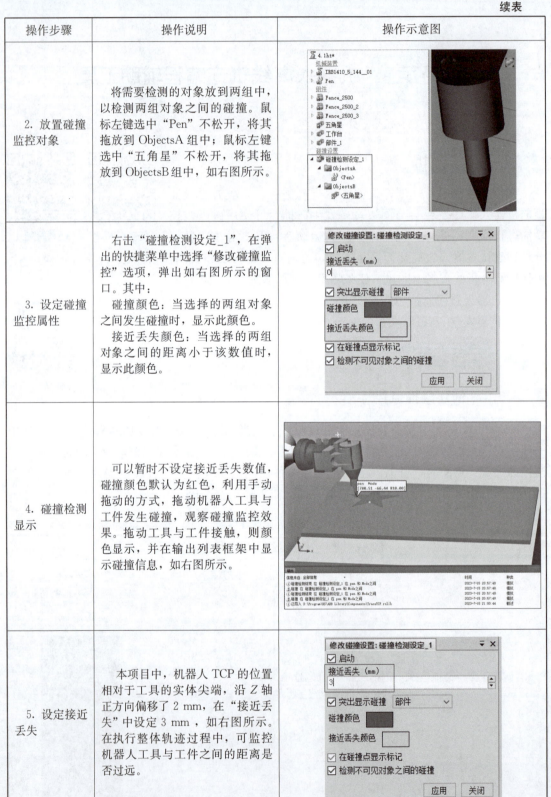

操作步骤	操作说明	操作示意图
6. 仿真执行	仿真执行，注意观察，接近工件时，工件和工具都是初始颜色，而当开始加工工件表面时，工具和工件则显示接近丢失颜色。显示此颜色表明机器人在运行该轨迹的过程中，工具既未与工件距离过远，又未与工件发生碰撞。	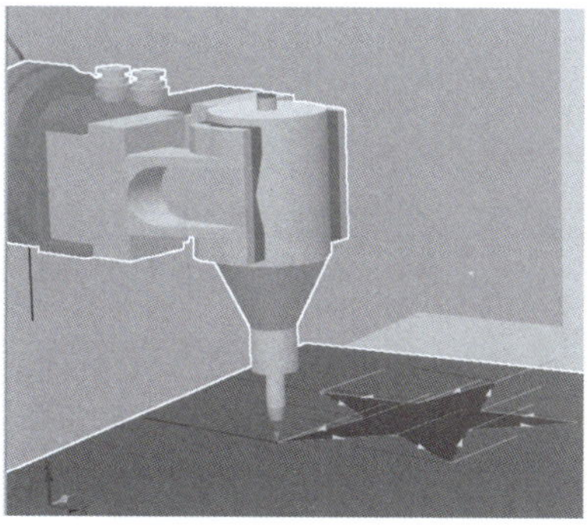

4.3.2 机器人 TCP 跟踪

在机器人运行过程中，可以监控 TCP 的运动轨迹及运动速度，以便对运动轨迹的适合与否进行判断。可以手动打开 TCP 轨迹或者采用程序打开 TCP 跟踪。为便于观察和记录 TCP 轨迹，先隐藏工作站中所有目标点和路径。手动实现 TCP 跟踪的操作步骤见表 4—7。

表 4—7　手动实现 TCP 跟踪

操作步骤	操作说明	操作示意图
1. 隐藏目标点和路径	在"基本"功能选项卡下，单击"显示/隐藏"下拉按钮，取消勾选"全部目标点/框架""全部路径"，如右图所示。	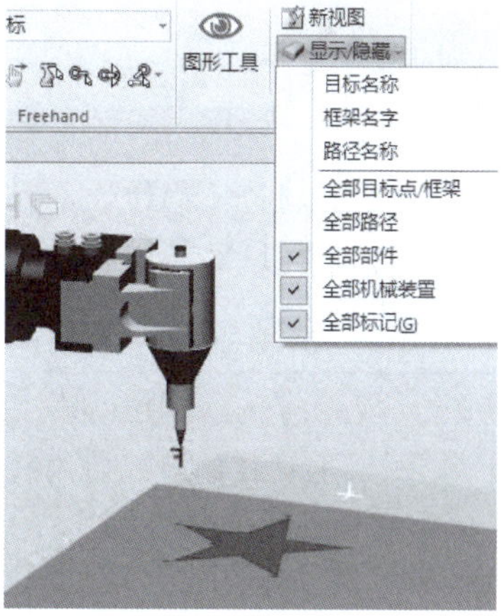
2. 手动打开 TCP 跟踪	单击"仿真"选项卡中的"TCP 跟踪"按钮，如右图所示。	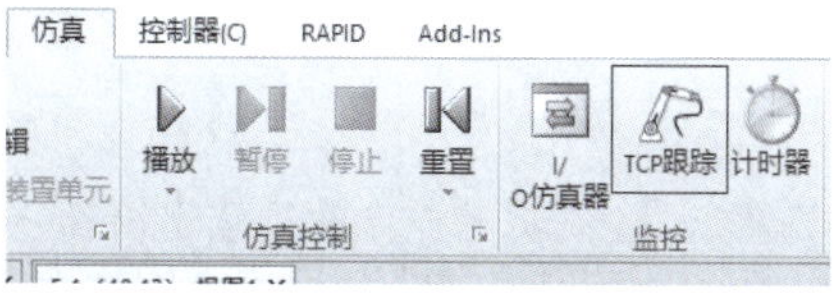

操作步骤	操作说明	操作示意图
3. TCP 跟踪设置	在弹出的"TCP 跟踪"对话框中,勾选"启用 TCP 跟踪",设置如右图所示。 如果想清除 TCP 轨迹,可以单击左下角的"清除 TCP 轨迹"按钮。	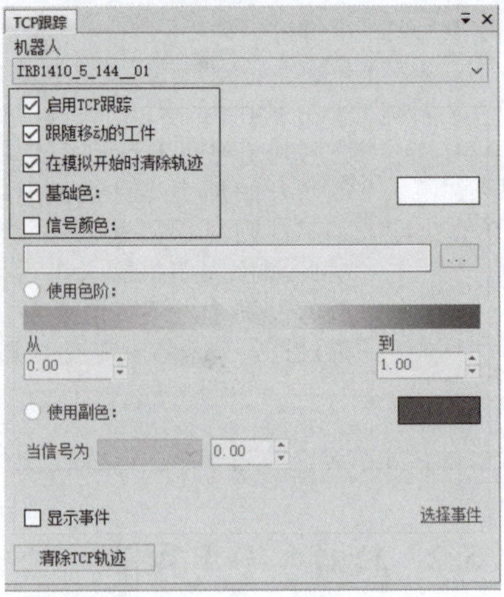
4. 记录运行轨迹	在"仿真"选项卡下,单击"播放"按钮,白色即为记录的 TCP 轨迹。运行完成后,可对机器人轨迹进行分析。机器人完整运动轨迹如右图所示。	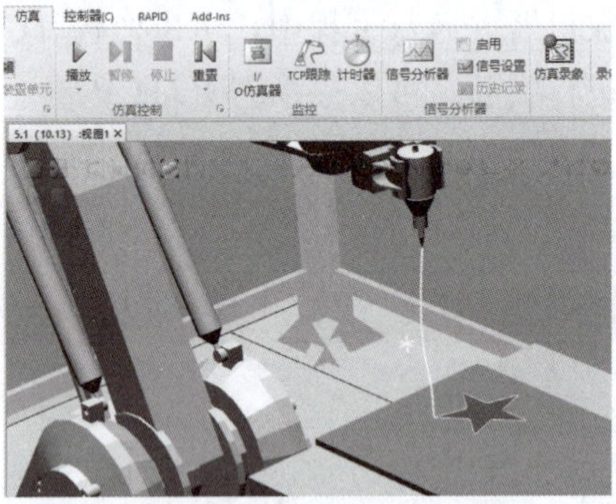

手动打开 TCP 轨迹不但慢,而且切换不准确,这样当路径复杂后,就不利于观察。可以采用程序随时打开 TCP 轨迹。程序打开 TCP 轨迹的步骤见表 4—8。

表 4—8 程序打开 TCP 轨迹的步骤

操作步骤	操作说明	操作示意图
1. 添加机器人工作站模块	在"控制器"功能选项卡下,单击"修改选项"按钮,弹出"更改选项"对话框,添加"709—1 DeviceNet Master/Slave",如右图所示。	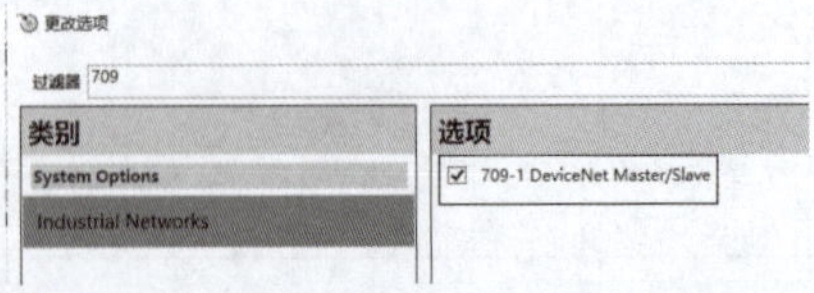
2. 创建输出信号	建立一个数字输出信号"do1",用于控制打开/关闭 TCP 跟踪。	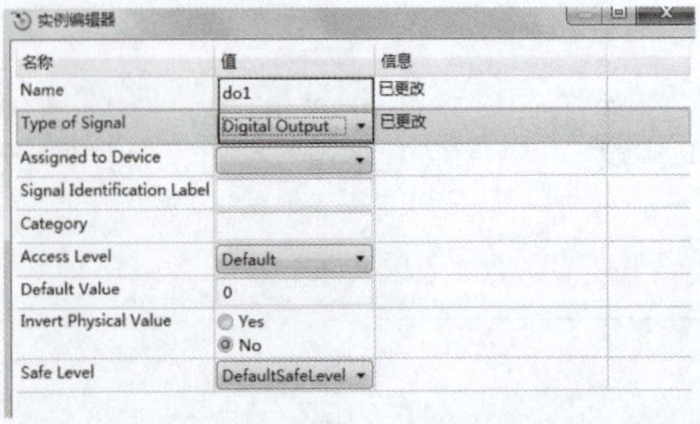

续表

操作步骤	操作说明	操作示意图
3. 创建 Smart 组件	在"建模"选项卡中,单击"Smart"组件,在弹出的对话框中选择"添加组件",在"其他"中选择"TraceTCP"组件,如右图所示。	
4. TraceTCP 设置	这是专门用来打开/关闭 TCP 跟踪的组件,在其"属性"中选择当前机器人"IRB1410_5_144_01",单击"应用"按钮,如右图所示。	
5. 添加 I/O 信号	在"信号和连接"选项卡中,单击"添加 I/O Signals",在弹出的对话框中添加一个数字输入信号"di1",单击"确定"按钮,如右图所示。	
6. 添加 I/O 连接	单击"添加 I/O Connection",在弹出的对话框中将数字输入信号"di1"与"TraceTCP[IRB1410_5_144_01]"关联起来,单击"确定"按钮,如右图所示。	

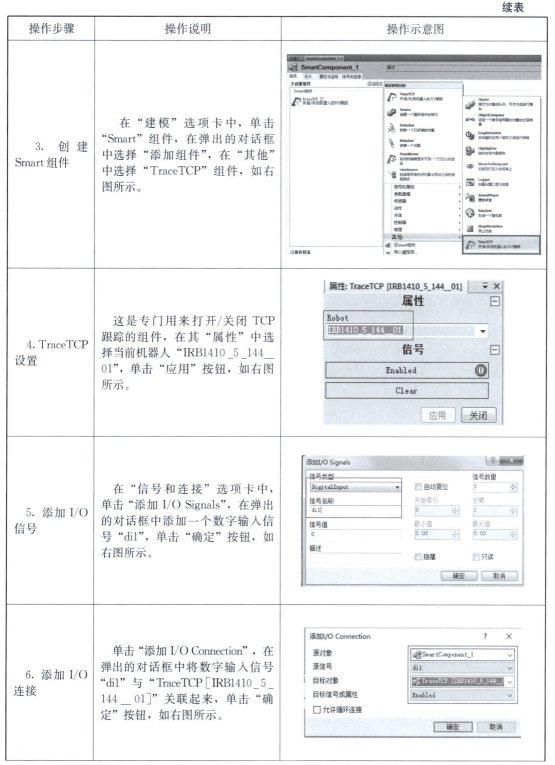

105

续表

操作步骤	操作说明	操作示意图
7. 设置工作站逻辑	在"仿真"选项卡中,单击"工作站逻辑"按钮,在弹出的"工作站逻辑"的"信号和连接"选项卡中设置关联 Smart 信号和机器人信号,如右图所示。	
	在弹出的"添加 I/O Connection"对话框中,将机器人的数字输出信号"do1"和 Smart 组件的"di1"信号关联起来,如右图所示。	
8. 取消手动 TCP 跟踪	可以调整 TCP 跟踪的颜色,使跟踪效果明显。颜色调整好之后,取消勾选"启用 TCP 跟踪",因为要用程序来控制 TCP 跟踪,然后关闭该菜单,如右图所示。	
9. 程序控制 TCP 跟踪	在程序中插入 Set do1 和 Reset do1,用于控制 TCP 跟踪的开始和结束。参考程序如右图所示。	

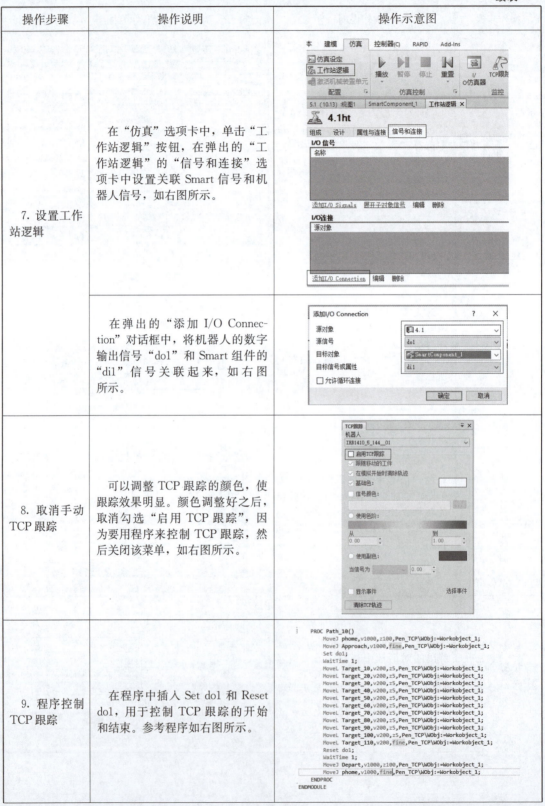

续表

操作步骤	操作说明	操作示意图
10.仿真运行	在"仿真"选项卡下,单击"播放"按钮,白色即为记录的TCP轨迹,运行完成后,可对机器人轨迹进行分析。机器人完整的运动轨迹如右图所示。	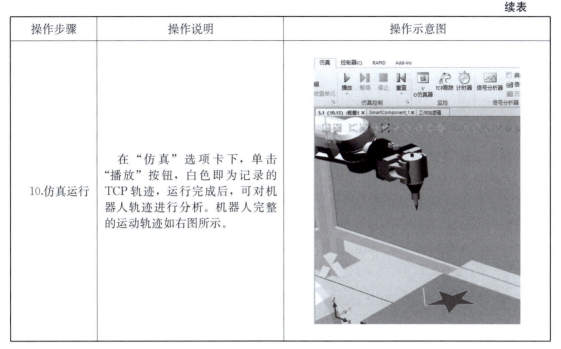

任务考核表

本项目任务考核见表4—9。

表4—9 任务考核表

任务名称		工业机器人绘图工作站虚实联调			
小组成员	学号	任务分工		合作完成情况	
内容	考核要点	考核标准	配分	评价结果	
				自评	教师
职业素养	信息检索	能有效利用网络、图书资源查找有用的相关信息等;能将查到的信息有效地传递到工作中	10分		
	参与态度	积极主动与教师、同学交流,相互尊重、理解、平等;与教师、同学之间是否能够保持多向、丰富、适宜的信息交流	10分		

续表

内容	考核要点	考核标准	配分	评价结果	
				自评	教师
专业技能	工业机器人绘图工作站虚实联调	创建工具坐标	15 分		
		创建工件坐标	15 分		
		导入离线编程中绘图程序	10 分		
		绘图程序优化、调试及运行	20 分		
	安全素养考核	着装规范、工位整洁等	10 分		
		小组成员分工合理，操作规范等	10 分		
总结反馈建议					

 拓展阅读

从"垃圾分拣机器人"看机器人发展

实行垃圾分类，关系到广大人民群众生活环境，关系到节约使用资源，也是社会文明水平的重要体现。为实现可持续的生活方式和提升城市环境，ABB与华为合作的AI垃圾分类工作站，从垃圾的倾倒、传送到分类一气呵成。两只机械臂可以在4 s左右完成一次分拣、投放垃圾的过程，准确率达到98%。

这是一套基于人工智能的垃圾分拣系统，当垃圾通过灯箱时，摄像头会对传送带上的垃圾进行拍照，图片传送到机器内部的AI加速芯片上，利用人工智能的目标检测算法，对图片中的垃圾种类及它的坐标进行推理，推理结果传送给协作型机器人，机器人拾取垃圾，并将其投放到相对应的垃圾桶里。

整套系统默契配合的背后是边缘计算、云计算、机器人自动化等前沿技术的综合应用。机器人经过训练后，可以对垃圾进行准确的分类，从而实现整个垃圾识别和分拣过程的自动化与自主化。

针对工业人工智能应用场景的碎片化挑战，ABB设计的边缘计算模块大大简化了工业人工智能应用的门槛，提升了维护的安全性和便捷性。

ABB为此开发了深度神经网络模型，并借助华为高算力昇腾芯片模组进行加速，在100 ms内完成物品的拍照、识别及通信，平均检测成功率高达98%，保证整个方案的高节拍运行。同时，通过采用华为云PaaS服务，搭建了高可用、可快速扩展的ABB Ability™应用。

从垃圾分拣机器人可以看到工业机器人的一个重要发展方向：智能化、信息化、网络化。越来越多的3D视觉、力传感器会使用到机器人上，机器人将会变得越来越智能化。随着传感与识别系统、人工智能等技术的进步，机器人从被单向控制向自己存储、自己应用数据方向发展，逐渐信息化。随着多机器人协同、控制、通信等技术的进步，机器人从独立个体向相互联网、协同合作方向发展。

资料来源：

1. 中国共产党新闻网：http://cpc.people.com.cn/n1/2019/0604/c64036－31118118.html.
2. 看看新闻：https://baijiahao.baidu.com/s?id=16495068489529404 30&wfr=spider&for=pc.
3. 界面新闻：https://www.jiemian.com/article/5703214.html.

项目五
工业机器人药瓶装盒工作站

项目引入

当使用 RobotStudio 软件进行机器人仿真验证时,如运动轨迹、节拍、到达能力等,如果对周边模型要求不是非常细致,可利用简单等同实体的基本模型进行替代,从而节约仿真时间。

本项目采用等同实体的模型对国家一类赛事(全国人工智能应用技术技能大赛)药瓶抓取打包过程进行离线仿真并验证。药瓶的整个生产流程离线仿真暂不涉及,可课后拓展完成。

知识目标

1. 掌握使用 RobotStudio 建模功能进行 3D 模型创建的方法;
2. 掌握 Offs( ) 和 RelTool( ) 偏移函数的使用方法;
3. 掌握 Smart 组件的创建及属性设置方法。

能力目标

1. 能够运用 RobotStudio 建模功能进行 3D 建模;
2. 能够选择合适的偏移函数优化程序;
3. 能够调试 Smart 组件。

工业机器人应用编程"1+X"证书技能要求

工业机器人应用编程"1+X"证书（初级）技能要求	
3.1.1	能够根据工作任务要求进行模型创建和导入
3.2.1	能够根据工作任务要求配置模型布局、颜色、透明度等参数
3.2.2	能够根据工作任务要求配置工具参数并生成对应工具库等的库文件

 职业素养的养成

1. 在等同实体三维模型替代过程中，引导学生用 Smart 组件进行工业机器人工作站的创新设计，推动工业机器人应用，加快产品自动化生产。

2. 在 Smart 组件属性设置及信号连接过程中，引导学生从系统协同合作角度考虑问题，才能保证整个系统的高效运转。

3. 在药瓶装盒工作站路径规划过程中，引导学生在设计过程中要有效率意识，确保药瓶快速、准确地装盒。

学习导图

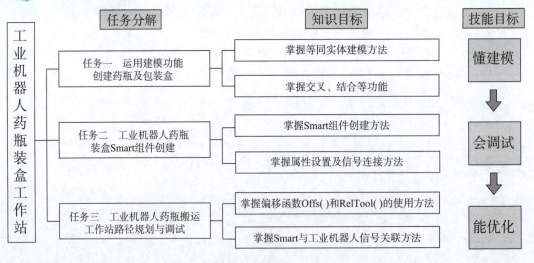

项目五　工业机器人药瓶装盒工作站

任务一　运用建模功能创建药瓶及包装盒

任务提出

本任务采用等同实体模型替代药瓶及包装盒搭建虚拟工作站，从而节约仿真时间。药瓶可以采用圆柱体替代，药瓶包装盒可以通过两个正方体相减而得。本任务重点学习以下内容：

1. 使用 RobotStudio 建模功能进行 3D 模型创建；
2. 灵活运用交叉、结合等功能完成 3D 建模。

任务实施

5.1.1　药瓶等同实体建模

本任务进行药瓶等同实体建模，并保存为库文件，库文件后缀名为".lib"。操作步骤见表 5—1。

任务实施

表 5—1　药瓶建模

操作步骤	操作说明	操作示意图
1. 建模	在"建模"选项卡下，单击"固体"中的"圆柱体"，如右图所示。	
2. 创建药瓶的等同实体替代模型	在弹出的"创建圆柱体"对话框中，设置药瓶的直径为 100 mm，高度为 150 mm，单击"创建"按钮，如右图所示。 温馨提醒：可以勾选"创建胶囊体"，观察所创建的模型。	

113

续表

操作步骤	操作说明	操作示意图
3. 重命名及颜色修改	右击新创建的"部件_1",选择"重命名",将"部件_1"的名字修改为"药瓶",并且单击"修改"→"设定颜色",如右图所示,将药瓶的颜色修改为"蓝色"。	
4. 保存为库文件	右击"药瓶",选择"保存为库文件…",将药瓶保存到后缀名为.lib的库文件中,如图所示。	

5.1.2 药瓶包装盒建模

药瓶包装盒中可以装四个药瓶,四个药瓶位置可以通过大方体减去小方体的方式创建。操作步骤见表5-2。

表 5-2 药瓶包装盒建模

操作步骤	操作说明	操作示意图
1. 药瓶包装盒建模	在"建模"选项卡下,单击"固体"中的"矩形体",在弹出的"创建方体"对话框中,设置药瓶包装盒长度为230 mm、宽度为230 mm、高度为100 mm,单击"创建"按钮,如右图所示。右击新建的模型,重命名为"药瓶包装盒",并将颜色修改为"白色"。	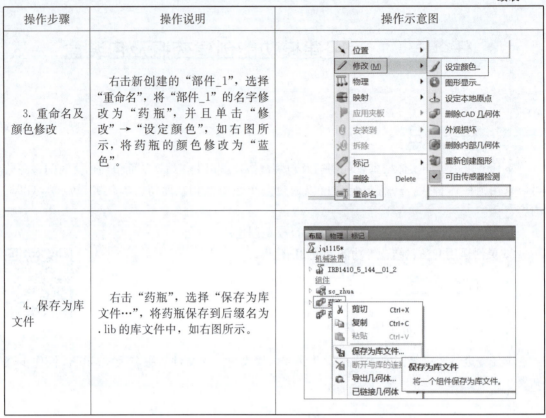

续表

操作步骤	操作说明	操作示意图
2. 创建小方体	药瓶包装盒放置位置可由大方体和小方体相减而得，因此，用同样方式创建一个长度为 100 mm、宽度为 100 mm、高度为 100 mm 的小方体，如右图所示。这里可以合理利用角点，将小方体放置到第一个放置位置处，直接进行减法运算。	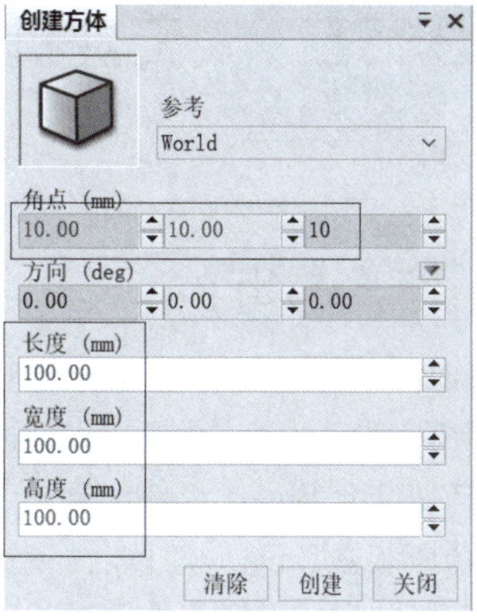
3. 确定包装盒第一个位置	单击"建模"选项卡中的"减去"按钮，在弹出的"减去"对话框中，选择"包装盒"和"小方体"，勾选"保留初始位置"，运用相减功能，创建一个新的部件，即带有药瓶包装盒第一个放置位置的部件，如右图所示。	 （a）"减去"功能 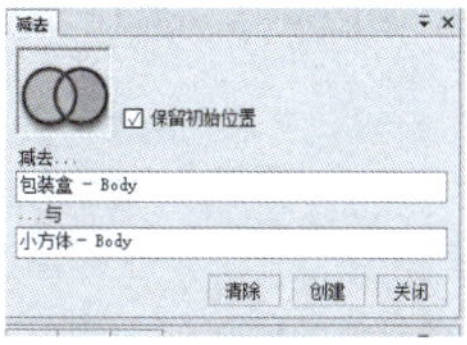 （b）"减去"运算 　（c）第一个放置位置
4. 修改药瓶包装盒位置	同理，修改药瓶包装盒放置的其他三个位置，如右图所示。思考一下角点位置该如何设置。 温馨提醒：注意其他三个小方体角点位置设置。	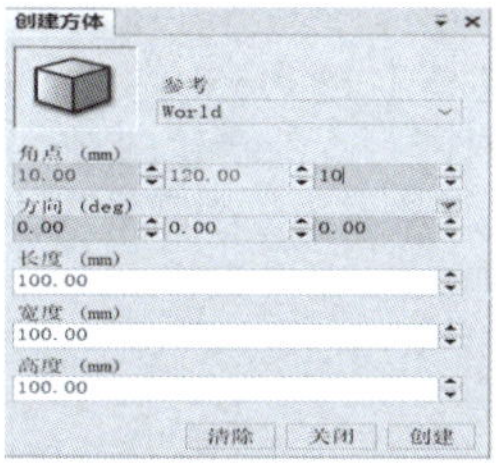 （a）第二个放置位置 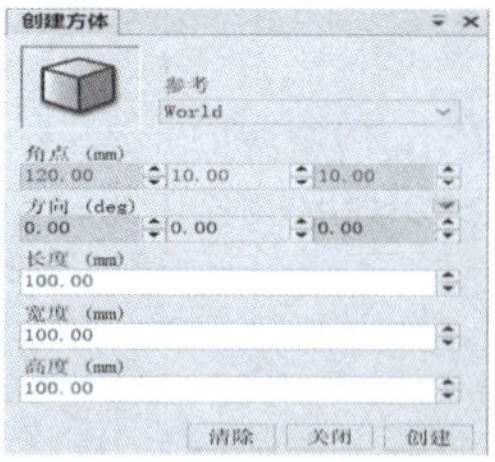　（b）第三个放置位置 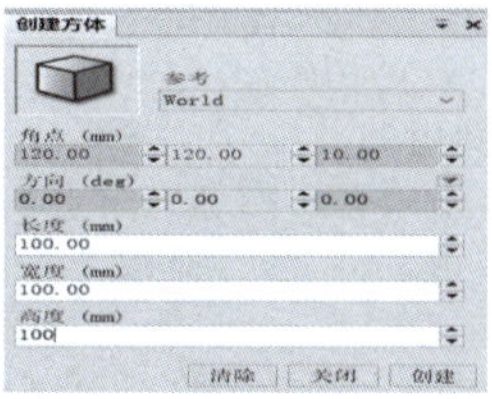 （c）第四个放置位置 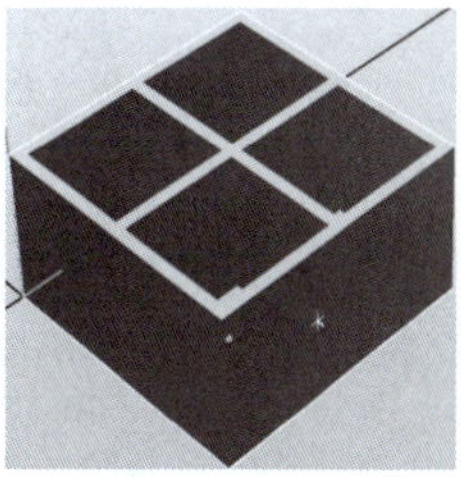　（d）药瓶包装盒

任务二　工业机器人药瓶装盒 Smart 组件创建

任务提出

药瓶源源不断地产生，机器人通过安装在法兰盘末端的工具拾取药瓶，并放置到药瓶包装盒里，即药瓶装盒的动态效果可以通过创建 Smart 组件实现。本任务重点学习以下内容：

1. 药瓶装盒 Smart 组件创建；
2. 药瓶装盒 Smart 组件属性设置及信号连接；
3. 药瓶装盒 Smart 组件调试。

任务实施

任务实施

5.2.1　创建抓取 Smart 组件

将上一任务的模型导入，创建工业机器人药瓶装盒工作站，本任务通过 Smart 组件创建，并完成对药瓶的抓取和放置。操作步骤见表 5—3。

表 5—3　Smart 组件创建

操作步骤	操作说明	操作示意图
1. 创建夹爪 Smart 组件	在"建模"选项卡下，单击"Smart 组件"，右击新建的 Smart 组件，重新命名为"sc_抓取"，如右图所示。	
2. 手爪安装	将还未安装的手爪拖到"sc_抓取"组件中（如果手爪已经安装到机器人上，可以右击，选择"拆除"，在弹出的"更新位置"对话框中，单击"否"按钮），继续按住鼠标左键，将"sc_抓取"拖到"IRB1410_5_144＿01"后松开，如右图所示。在弹出的"更新位置"对话框中，单击"是"按钮。	

116

续表

操作步骤	操作说明	操作示意图
3. 添加 LineSensor 子组件	在"sc_抓取"窗口的"组成"选项卡下，单击"添加组件"命令，在"传感器"分类下选择"LineSensor"，如右图所示。	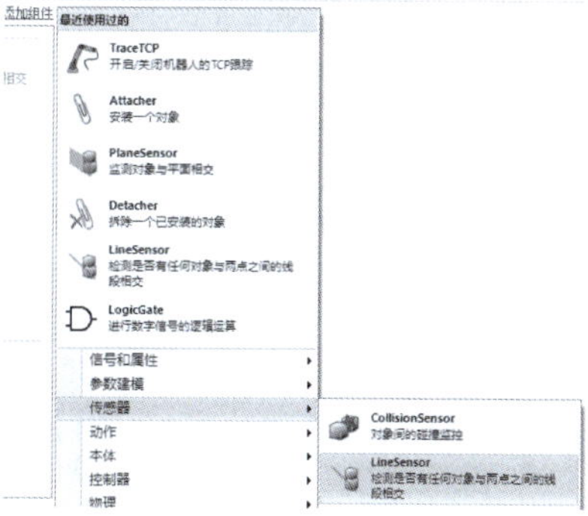
	右击"LineSensor"，主要设置"Start"（起点）、"End"（终点）和"Radius"（半径）。可以用原来学过的捕捉工具捕捉线性传感器安装位置的起点，将机器人第六轴调节成垂直方向，终点只需调节 Z 方向坐标即可，半径设定为 3 mm，然后单击"应用"按钮，再单击"关闭"按钮，如右图所示。	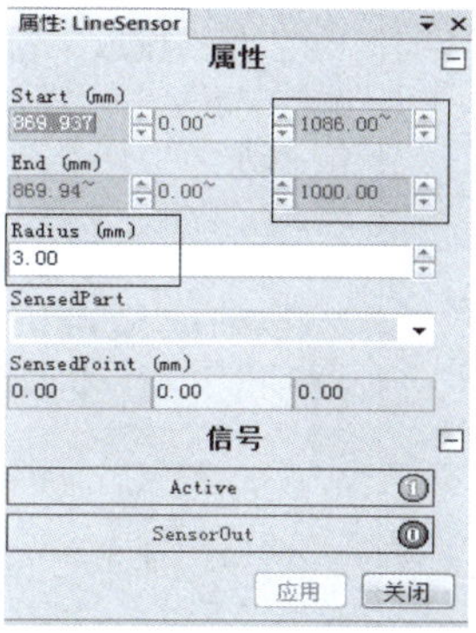
	虚拟传感器 LineSensor 一次只能检测一个物体，因此设置完以后单击"Active"（激活）按钮进行检测。如果检测到部件，鼠标右击该部件，取消勾选快捷菜单中的"可由传感器检测"，如右图所示。	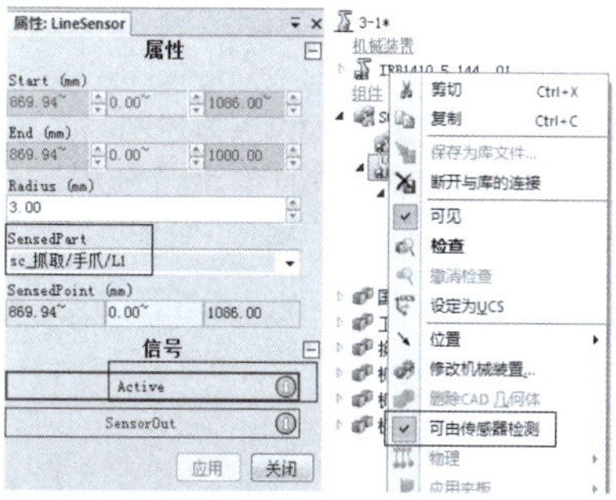
4. 创建 Attacher 子组件	在"sc_抓取"窗口的"组成"选项卡下单击"添加组件"命令，在"动作"分类下选择"Attacher"，如右图所示。	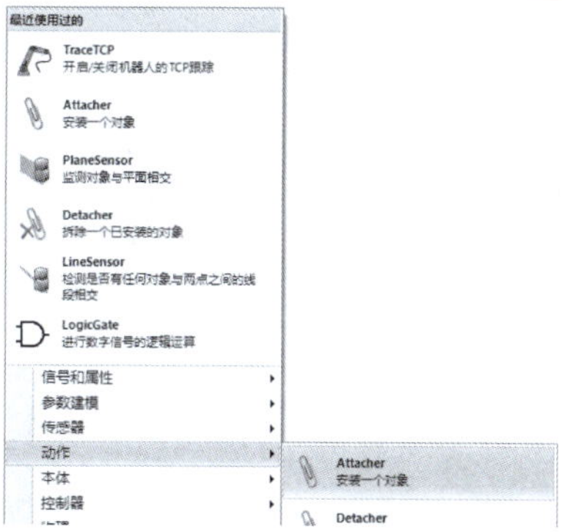

续表

操作步骤	操作说明	操作示意图
4. 创建 Attacher 子组件	右击"Attacher",主要设置"Parent"和"Flange"。本项目的"Parent"设置为"sc_抓取/手爪","Flange"设置为"hz",然后单击"应用"按钮,再单击"关闭"按钮,如右图所示。	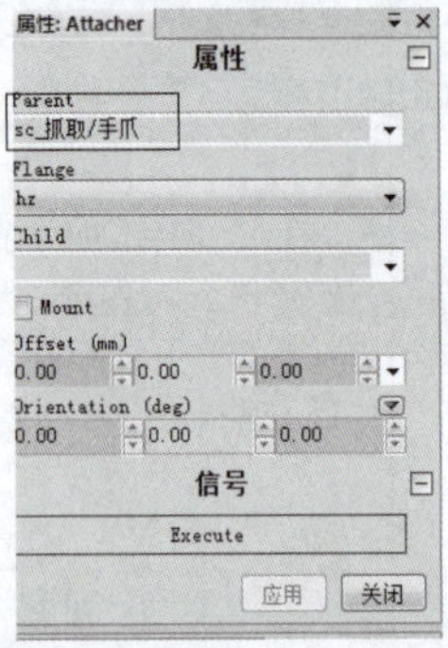
5. 创建 Detacher 子组件	在"sc_抓取"窗口的"组成"选项卡下单击"添加组件"命令,在"动作"分类下选择"Detacher"。右击"Detacher",只需将"KeepPosition"保持勾选即可,然后单击"应用"按钮,再单击"关闭"按钮,如右图所示。	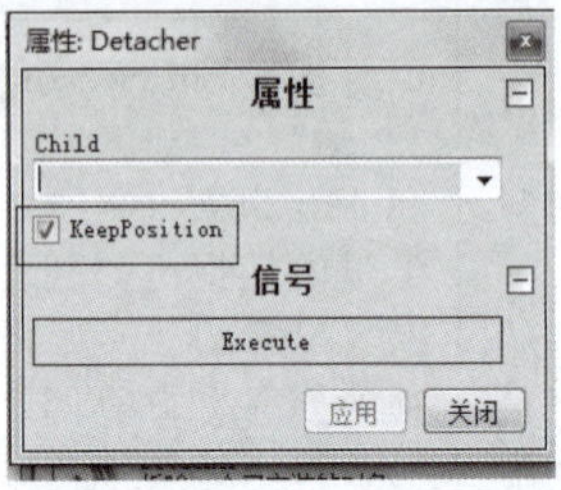
6. 添加 LogicGate 子组件	在"sc_抓取"窗口的"组成"选项卡下单击"添加组件"命令,在"信号和属性"分类下选择"LogicGate"。 右击"LogicGate",主要设置"Operator"为"NOT",如右图所示。然后单击"应用"按钮,再单击"关闭"按钮。	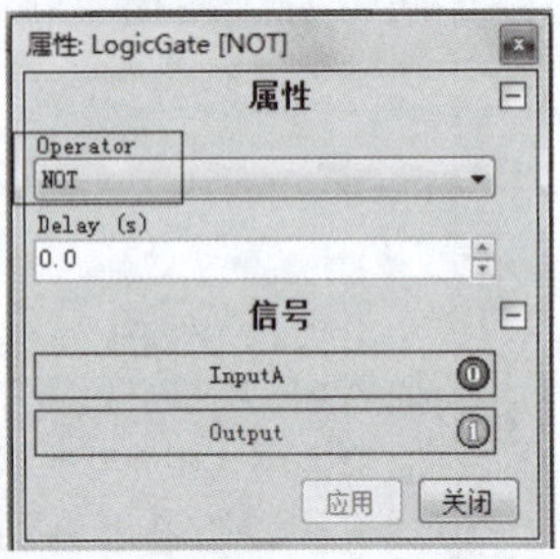
7. 添加 LogicSRLatch子组件（可不添加）	在"信号和属性"分类下选择"LogicSRLatch"子组件,无须设置属性,本项目添加了该组件。 至此,sc_抓取组件的子组件创建完成,如右图所示。	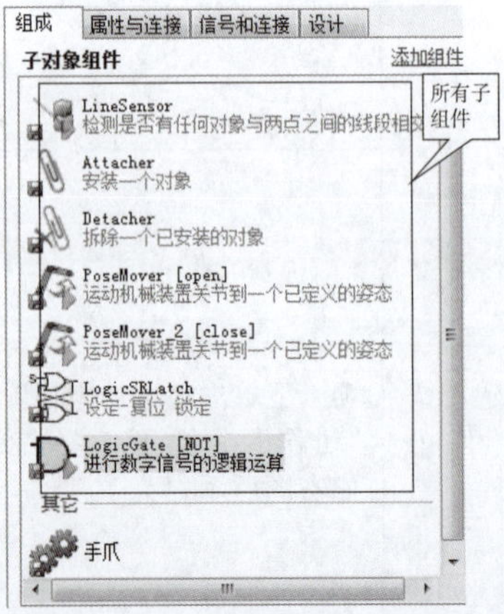

118

5.2.2 创建 sc_抓取的属性与连接

根据药瓶抓取放置特点，需要创建 LineSensor、Attacher 和 Detacher 子组件属性与连接关系，操作步骤见表 5－4。

属性与连接

表 5－4 sc_抓取的属性与连接

操作步骤	操作说明	操作示意图
1. LineSensor、Attacher 的属性与连接关系	在"sc_抓取"窗口的"属性与连接"选项卡下，单击"添加连接"，在弹出的窗口中创建子组件的连接关系，如右图所示。 LineSensor 的 SensedPart 与 Attacher 的 Child 关联。	
2. Attacher、Detacher 的属性与连接关系	Attacher 的 Child 与 Detacher 的 Child 关联，如右图所示。	

5.2.3 创建 sc_抓取的信号和连接

根据药瓶抓取放置动作与输入/输出信号的关系，创建 I/O 连接关系，操作见表 5－5。

表 5－5 sc_抓取 I/O 连接关系

操作步骤	操作说明	操作示意图
1. 创建 sc_抓取的 I/O 信号	在"sc_抓取"窗口的"信号和连接"选项卡下，单击"添加 I/O Signals"，在弹出的窗口中创建输入信号、输出信号。 首先创建一个输入信号，修改信号类型为"DigitalInput"、信号名称为"di_zhua"，然后单击"确定"按钮，如右图所示。	
	创建一个输出信号，修改信号类型为"DigitalOutput"、信号名称为"do_Vacuum"，然后单击"确定"按钮，如右图所示。	

续表

操作步骤	操作说明	操作示意图
2. 创建 sc_抓取的 I/O 连接	在"sc_抓取"窗口的"信号和连接"选项卡下,单击"添加 I/O Connection",在弹出的窗口中创建 I/O 信号和子组件间的连接关系。 添加"sc_抓取"的"di_zhua"与"LineSensor"的"Active"关联,单击"确定"按钮,如右图所示。	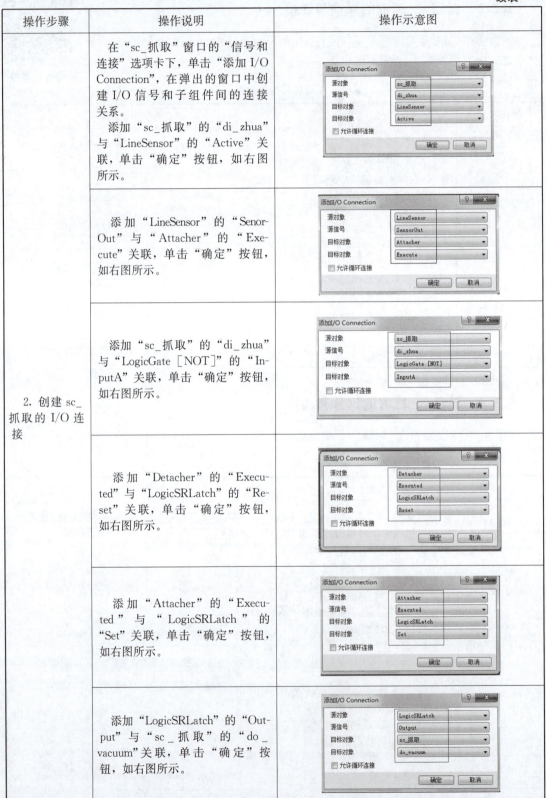
	添加"LineSensor"的"SenorOut"与"Attacher"的"Execute"关联,单击"确定"按钮,如右图所示。	
	添加"sc_抓取"的"di_zhua"与"LogicGate [NOT]"的"InputA"关联,单击"确定"按钮,如右图所示。	
	添加"Detacher"的"Executed"与"LogicSRLatch"的"Reset"关联,单击"确定"按钮,如右图所示。	
	添加"Attacher"的"Executed"与"LogicSRLatch"的"Set"关联,单击"确定"按钮,如右图所示。	
	添加"LogicSRLatch"的"Output"与"sc_抓取"的"do_vacuum"关联,单击"确定"按钮,如右图所示。	

项目五 工业机器人药瓶装盒工作站

任务三　工业机器人药瓶搬运工作站路径规划与调试

工业机器人药瓶搬运 Smart 组件创建完成后,需要与工业机器人建立连接,并进行药瓶搬运工作站路径规划与调试,本任务主要包括以下内容:

1. 掌握偏移函数 Offs( ) 和 RelTool( ) 的使用方法;
2. 运用偏移函数优化搬运路径,减少目标点示教。

偏移函数

5.3.1　偏移函数

1. 偏移函数 Offs( )

Offs(p1, x, y, z) 代表一个离 p_1 点沿工件坐标系 X 轴偏移量为 x、沿 Y 轴偏移量为 y、沿 Z 轴偏移量为 z 的目标点(坐标值的增量)。

操作方法:双击所添加的运动指令,单击"功能"选项,即可添加偏移函数 Offs,如图 5-1 所示。

图 5-1　添加偏移函数 Offs( )

例:MoveL　Offs(p1, 20, 50, 100), v200, z50, tool0;

该指令表示机器人运动到的目标点,其坐标值沿着目标点 p_1 的 X 正方向偏移 20 mm、Y 正方向偏移 50 mm、Z 正方向偏移 100 mm。

2. 偏移函数 RelTool( )

RelTool 也为偏移函数,但其参考的坐标系为工具坐标系,并且该偏移函数还可以设置角度偏移。

操作方法:双击所添加的运动指令,单击"功能"选项,即可添加偏移函数 RelTool,如图 5-2 所示。

121

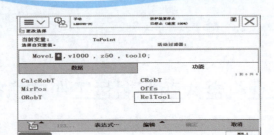

图 5－2　添加偏移函数 RelTool( )

5.3.2　Smart 组件信号与工业机器人信号关联

Smart 组件中创建的"DigitalInput"信号"di_zhua"需要与工业机器人的输出信号关联后，才可以进行工作站系统调试。操作步骤见表 5－6。

SMART 组件信号与
工业机器人信号关联

表 5－6　Smart 组件信号与工业机器人信号关联

操作步骤	操作说明	操作示意图
1. 创建机器人的 I/O 信号	在"控制器"选项卡下，单击"配置编辑器"中的"I/O System"，在弹出的菜单栏中，鼠标右击"Signal"，新建信号。本项目创建一个数字输出信号"do_zhua"用于与 Smart 关联，重启虚拟控制器即生效，如右图所示。	
2. 建立工作站逻辑	在"仿真"选项卡下，单击"工作站逻辑"按钮。在弹出的对话框中，在"信号和连接"选项卡下，单击"添加 I/O Connection"，创建 Smart 组件"do_zhua"与机器人"di_zhua"关联，如右图所示。	

5.3.3　药瓶搬运工作站路径规划

1. 药瓶搬运工作站路径规划

通过偏移函数 Offs( ) 完成零件放置，不仅程序简洁，而且提高了工作效率。将四个零件放置到装配盒里，只需示教三个点：安全点 p_{10}、抓取点 p_{20} 和放置点 p_{30}，即可实现。机器人工作路径规划如图 5－3 所示。

图5—3 药瓶搬运工作站路径规划

2. 工业机器人编程环境设置

因为偏移函数 Offs( ) 参考坐标为工件坐标，因此，首先在装配盒上创建工件坐标，如图5—4（a）所示。设置其他程序数据，如图5—4（b）所示。

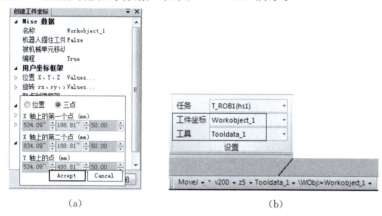

（a） （b）

图5—4 药瓶搬运工作站路径规划

（a）工件坐标设置；（b）程序数据配置

3. 部分参考程序

```
PROC offs1( )
    MoveJ p10, v200, z5, hz\WObj:=wobj0;
    MoveL Offs(p20,0,0,50),v200,z5,hz\WObj:=wobj0;
    MoveL p20,v200,fine,hz\WObj:=wobj0;
    set do_zhua;
    WaitTime 3;
    MoveL Offs(p20,0,0,50),v200,z5,hz\WObj:=wobj0;
    reg1:= reg1 + 1;
TEST reg1
    CASE 1:
        p40 := p30;
```

```
CASE 2：
    p40：=offs(p30,0,100,0);
CASE 3：
    p40：=offs(p30,110,0,0);
CASE 4：
    p40：=offs(p30,110,100,0);
ENDTEST
    MoveL Offs(p40,0,0,250),v1000,z20,hz\WObj：=wobj0;
    MoveL p40,v1000,fine,hz\WObj：=wobj0;
    Reset do_zhua;
    WaitTime 3;
    MoveL Offs(p40,0,0,250),v1000,z20,hz\WObj：=wobj0;
    MoveJ p10, v1000, z50, hz;
ENDPROC
```

 任务考核表

本项目任务考核见表5－7。

表5－7 任务考核表

内容	考核要点	考核标准	配分	评价结果	
				自评	教师
任务名称		工业机器人药瓶装盒工作站			
姓名			学号		
小组成员					
职业素养	信息检索	能有效利用网络、图书资源查找有用的信息等；能将查到的信息有效地传递到工作中	10		
	参与态度	积极主动与教师、同学交流，相互尊重、理解、平等；与教师、同学之间能够保持多向、丰富、适宜的信息交流	10		
		能处理好合作学习和独立思考的关系，做到有效学习；能提出有意义的问题或能发表个人见解	10		

项目五 工业机器人药瓶装盒工作站

续表

内容	考核要点	考核标准	配分	评价结果	
				自评	教师
专业技能	药瓶装盒工作站创建及调试	等同实体三维模型的创建	10		
		Smart 组件属性设置及信号连接	10		
		Smart 组件调试	10		
		创建药瓶装盒的程序模块和例行程序,并设置编程环境	10		
		规划药瓶装盒路径,运用偏移函数减少示教目标点	10		
		药瓶装盒工作站调试	5		
	安全与素养考核	工位保持清洁	5		
		着装规范、整洁,佩戴安全帽	5		
		操作规范,爱护设备	5		
总结反馈建议					

拓展阅读

技术路线颠覆式创新,珞石 xMate 开创机器人柔性协作新时代

2021 年度德国红点产品设计奖(Red Dot Award:Product Design)获奖名单揭晓,珞石机器人新一代柔性协作机器人 xMate 凭借其设计理念、技术特性、产品性能等优势,在近万件参评产品中脱颖而出,斩获红点产品设计大奖。红点设计奖源自德国,与德国 IF 设计奖、美国 IDEA 设计奖并称为国际三大顶级设计奖。

新一代柔性协作机器人 xMate 引领了工业机器人的技术发展趋势及更新迭代方向,使珞石科技有限公司成为全球第二家突破机器人柔性技术的高科技公司。该机器人具备运动灵活、全身力感知、极致灵敏、精准触控、无控制柜设计、图形化编程等特性,真正实现机器与人的友好协作。具体来说,xMate 柔性协作机器人具备以下技术创新:

①xMate 柔性协作机器人搭载了全新的 xCore 控制器,相较于现在市面上的机器人,柔性控制是其最大的优势,更是未来的趋势。

② xMate 采用 7 自由度冗余运动设计,机器人可以不同构型达到相同的末端位姿;零空间运动技术使得机器人能在狭窄空间灵活避障,提升机器人的有效工作范围。

③ xMate 每个关节配置高精度力矩传感器,使其具备"一指触停"的灵敏碰撞检测能力,配合虚拟墙、速度限制、力矩限制等完善的安全功能设计,最大限度保证在人机协作过程中的安全。

④xMate 采用全状态反馈的直接力控制技术,使其在兼顾位置控制高精度的同时,具备高动态力控制与柔顺控制能力。xMate 可独立设置轴空间和笛卡儿空间各自由度的刚度,具备像人的手臂一样的柔顺能力,配合完善的力控搜索功能,能够胜任精密零部件装配、精细

打磨等应用场景。

⑤ xMate 拥有"实用级拖动示教",令机器人的示教精准、灵敏,可实现超精准轨迹拖动;采用人性化的全图形化交互、跨平台操作软件设计,可使用平板或者手机操作机器人,降低使用门槛。

资料来源:
1. 每日经济新闻:https://baijiahao.baidu.com/s?id=1703074475761460672&wfr=spider&for=pc.
2. 中国工控网:http://www.gongkong.com/news/201912/399634.html.

项目六
工业机器人酒精瓶装配工作站

项目引入

前五个项目已完成工业机器人离线编程和示教编程基础知识学习,本课程作为迅速发展的综合性前沿课程,知识和技术迭代更新较快,学生需在掌握工业机器人基础的知识上,能运用所学知识独立地分析和解决一些综合性问题,并具有一定的自学能力、创新意识。

本项目重点培养学生综合运用能力及创新思维,为学生在不同领域应用工业机器人奠定坚实基础。

项目引入

知识目标

1. 掌握 Smart 组件与机器人系统之间的工作站逻辑设定;
2. 掌握 RAPID 程序流程控制语言。

能力目标

1. 能够根据任务要求完成程序设计并调试;
2. 能够对机器人工作站系统进行联调。

职业素养的养成

1. 运用 Smart 组件创意设计,重点培养学生的创新思维,让学生"想创新、能创新"成为可能;
2. 鼓励创新的同时,加强知识产权意识,正确区分创新、借鉴与抄袭。

工业机器人现场编程与仿真

 学习导图

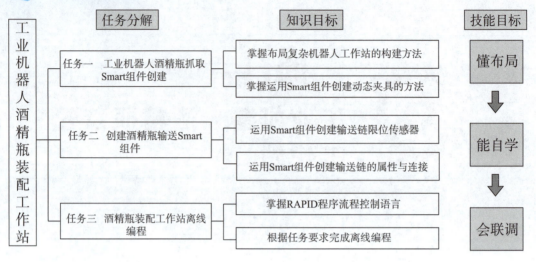

 任务一　工业机器人酒精瓶抓取 Smart 组件创建

任务分析

任务分析

在 RobotStudio 软件中,动态效果的实现对于工作站整体效果的呈现非常重要。Smart 组件是 RobotStudio 中专门针对创建动态效果而设定的智能插件。

Smart 动态夹具的动态效果包括：酒精瓶通过皮带传输至皮带末端，夹具固定瓶子，机器人完成瓶子和瓶盖的装配。本任务重点学习以下内容：

1. 掌握布局复杂机器人工作站的构建方法；
2. 根据动态夹具的动态效果选择 Smart 子组件；
3. 运用 Smart 组件创建动态夹具的属性与连接；
4. 调试 Smart 组件并仿真运行。

 任务实施

任务实施

6.1.1　创建抓取 Smart 组件

本任务通过创建 Source、传感器、Attacher 等 Smart 组件，完成酒精瓶手爪抓取动作和瓶盖与瓶身装配等动态效果。操作步骤见表 6—1。

128

项目六 工业机器人酒精瓶装配工作站

表 6—1 创建 Smart 组件

操作步骤	操作说明	操作示意图
1. 工作站布局	在"基本"选项卡下,单击"导入模型库",选择需要导入的模型。工作站布局完成后,单击"从布局"创建工作站系统,如右图所示。	
2. 创建抓取 Smart 组件	在"建模"选项卡下,单击"Smart 组件",右击新建的 Smart 组件,重新命名为"sc_抓取",如右图所示。	
3. 安装手爪	将还未安装的手爪拖到"sc_抓取"组件中(如果手爪已经安装到机器人上,可以右击手爪,选择"拆除",在弹出的"更新位置"对话框中,单击"否"按钮),继续按住鼠标左键,将"sc_抓取"拖到"IRB1410_5_144_01"后松开,如右图所示,在弹出的"更新位置"对话框中,单击"是"按钮。	
4. 添加 Source 组件	在"动作"分类下选择"Source",在弹出的"属性:Source_瓶盖"界面下,选择"Source"为"瓶盖",可以利用"捕捉中心"捕获瓶盖位置,然后单击"应用"按钮,再单击"关闭"按钮,如右图所示。	

129

续表

操作步骤	操作说明	操作示意图
5.添加传感器组件	在"传感器"分类下选择"LineSensor"和"CollisionSensor"两个传感器,其中,"CollisionSensor"仅添加即可,不需要修改属性,主要用于装配检测。"LineSensor"属性设置如右图所示。	
	右击"LineSensor",选择"属性",用捕捉中点功能来捕捉线性传感器安装位置的起点,将机器人第六轴调节成垂直方向,终点只需调节 Z 方向坐标即可。"Radius"(半径)设定为 3 mm,然后单击"应用"按钮,再单击"关闭"按钮,如右图所示。 注意:虚拟传感器 LineSensor 一次只能检测一个物体,因此,设置完以后,单击"Active"(激活)按钮进行检测。如果检测到部件,右击该部件,取消勾选快捷菜单中的"可由传感器检测"。	
6.添加Attacher组件	在"动作"分类下选择"Attacher",本项目需要添加两个Attacher组件,分别用于抓取酒精瓶盖和装配瓶子。 因为抓取过程中父对象为"sc_抓取/夹爪",子对象不是同一个对象,因此,"Parent"处设置为手爪,"Child"不设置,在属性连接中完成关联。单击"应用"按钮,再单击"关闭"按钮,如右图所示。	(a) 抓取 Attacher 设置
	因为装配过程中,父对象和子对象均不是同一个对象,因此,"Parent"和"Child"无须设置,如右图所示,单击"应用"按钮,再单击"关闭"按钮。	(b) 装配 Attacher 设置

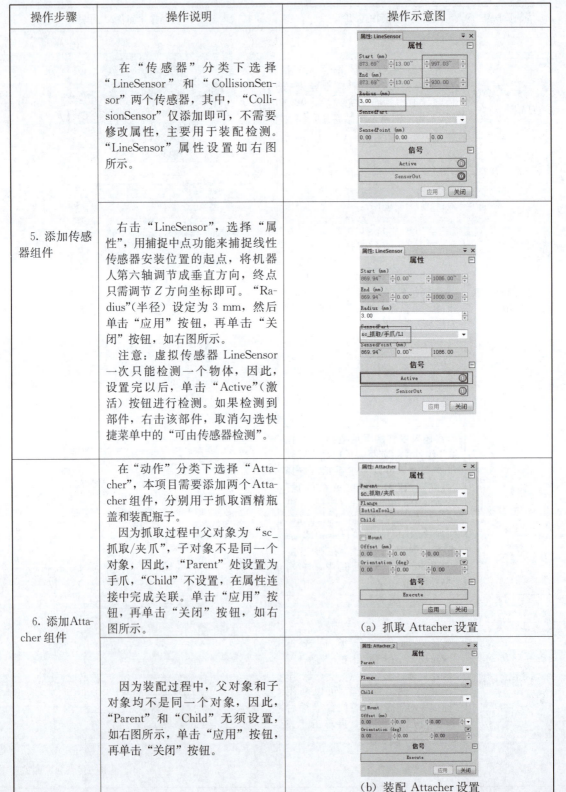

续表

操作步骤	操作说明	操作示意图
7. 添加 Detacher 组件	在"动作"分类下选择"Detacher",右击"Detacher",只需将"KeepPosition"保持勾选即可,然后单击"应用"按钮,再单击"关闭"按钮,如右图所示。	
8. 添加 PoseMover 组件	在"本体"分类下选择"PoseMover",本项目添加两个 PoseMover 子组件,用于手爪工具的张开和闭合。 在弹出的对话框中设置 PoseMover 属性。"Mechanism"设置为"sc_抓取/夹爪","Pose"设置为"开","Duration"设为 1 s,单击"应用"按钮,再单击"关闭"按钮,如右图所示。	
	在弹出的对话框中设置 PoseMover 属性。"Mechanism"设置为"sc_抓取/夹爪","Pose"设置为"合","Duration"设为 1 s,单击"应用"按钮,再单击"关闭"按钮,如右图所示。	
9. 添加 LogicGate 组件	在"信号和属性"分类下选择"LogicGate"。 在"属性"对话框中主要设置"Operator"为"NOT",然后单击"应用"按钮,再单击"关闭"按钮,如右图所示。	
10. 添加 LogicSRLatch 组件	在"信号和属性"分类下选择"LogicSRLatch"子组件,无须设置属性。 本项目添加了该组件。至此,sc_抓取组件的子组件创建完成,如右图所示。	

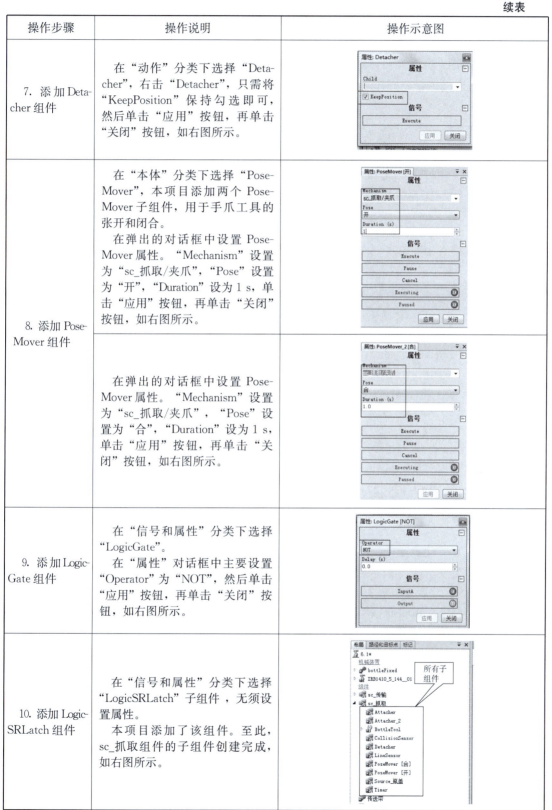

6.1.2 创建 sc_抓取的属性与连接

根据酒精瓶抓取放置动作，需要创建 LineSensor、Attacher 和 Detacher 子组件属性与连接关系，操作步骤见表 6—2。

属性与连接

表 6—2 创建 sc_抓取的属性与连接

操作步骤	操作说明	操作示意图
创建 sc_抓取的属性与连接	在"属性与连接"选项卡下，单击"添加连接"，创建子组件的连接关系。 线性传感器"LineSensor"的"SensedPart"与"Attacher"的"Child"关联，如右图所示。	
	"Attacher"的"Child"与"Detacher"的"Child"关联，如右图所示。	
	"LineSensor"的"SensedPart"与"Attacher_2"的"Parent"关联，如右图所示。	
	"CollisionSensor"的"Part1"与"Attacher_2"的"Child"关联，如右图所示。	
	"LineSensor"的"SensedPart"与"CollisionSensor"的"Object2"关联，如右图所示。	

6.1.3 创建 sc_抓取的信号和连接

根据酒精瓶抓取放置动作与输入/输出信号的关系,创建 I/O 连接关系。操作步骤见表 6—3。

表 6—3 创建 sc_抓取的信号和连接

操作步骤	操作说明	操作示意图
1. 创建 sc_抓取的信号和连接	在"sc_抓取"窗口的"信号和连接"选项卡下,单击"添加 I/O Signals",创建输入信号、输出信号。 创建输入信号"di_zhua"用于完成抓取动作,修改信号类型为"DigitalInput",单击"确定"按钮,如右图所示。	
	创建输入信号"di_pei"用于完成酒精瓶装配动作,修改信号类型为"DigitalInput",单击"确定"按钮,如右图所示。	
2. 创建 sc_抓取的 I/O 连接	在"信号和连接"选项卡下,单击"添加 I/O Connection",创建 I/O 信号和子组件间的连接关系。 抓取信号的"di_zhua"与"LineSensor"的"Active"连接,如右图所示。	
	抓取信号的"di_zhua"与"PoseMover_2〔合〕"的"Execute"连接,如右图所示。	
	线性传感器"LineSensor"的"SensorOut"与"Attacher"的"Execute"连接,如右图所示。	

续表

操作步骤	操作说明	操作示意图
2. 创建 sc_抓取的 I/O 连接	抓取信号的"di_zhua"与"LogicGate [NOT]"的"InputA"连接,如右图所示。	
	"LogicGate [NOT]"的"Output"与 PoseMover [开] 的"Execute"连接,如右图所示。	
	"PoseMover [开]"的"Executed"与"Detacher"的"Execute"连接,如右图所示。	
	"sc_抓取"的"di_pei"与"CollisionSensor"的"Active"连接,如右图所示。	
	"sc_抓取"的"di_pei"与"Attacher_2"的"Execute"连接,如右图所示。	
	"Timer"的"Qutput"与"Source_瓶盖"的"Execute"连接,如右图所示。	

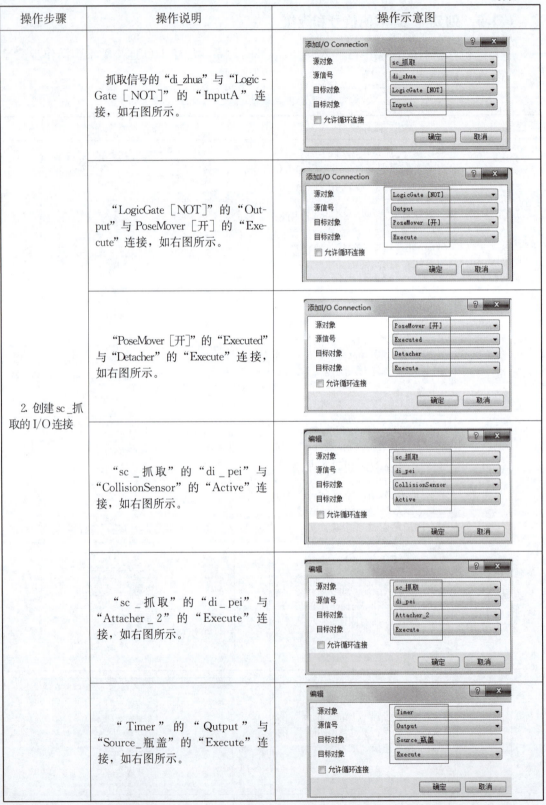

任务二 创建酒精瓶输送 Smart 组件

任务分析

酒精瓶在输送链末端源源不断产生复制品，并随着输送链移动到输送链前端，被传感器检测到后，自动停止移动，等待机器人抓取至包装盒内，机器人抓取完成后，立即输送下一个酒精瓶，依此循环。本任务重点学习以下内容：

1. 运用 Smart 组件创建输送链限位传感器；
2. 运用 Smart 组件创建输送链的属性与连接；
3. 调试 Smart 组件并仿真运行。

任务分析

任务实施

任务实施

6.2.1 创建酒精瓶输送 Smart 组件

本任务通过添加 Source、传感器、LinearMover 等 Smart 组件，完成酒精瓶输送动态效果。操作步骤见表 6—4。

表 6—4　创建 Smart 组件

操作步骤	操作说明	操作示意图
1. 创建传输链 Smart 组件	完成了抓取 Smart 的动态效果，继续创建传输链 Smart 组件。同样，在"建模"选项卡下，单击"Smart 组件"，右击新建的 Smart 组件，重新命名为"sc_传输"，如右图所示。	

135

续表

操作步骤	操作说明	操作示意图
2. 添加 Source 组件	添加 Source 子组件：在"动作"分类下选择"Source"，如右图所示。	
	设置 Source 属性：主要设置"Source"和"Position"。本项目中"Source"选择"瓶身"；对于"Position"的设置，可以利用"捕捉中心"捕获酒精瓶位置，然后单击"应用"按钮，再单击"关闭"按钮，如右图所示。	
3. 添加 Queue 组件	添加 Queue 子组件：因为移动物体是通过 Source 不断产生的，因此，在"其他"里添加"Queue"组件时，无须修改它的属性设置，如右图所示。	

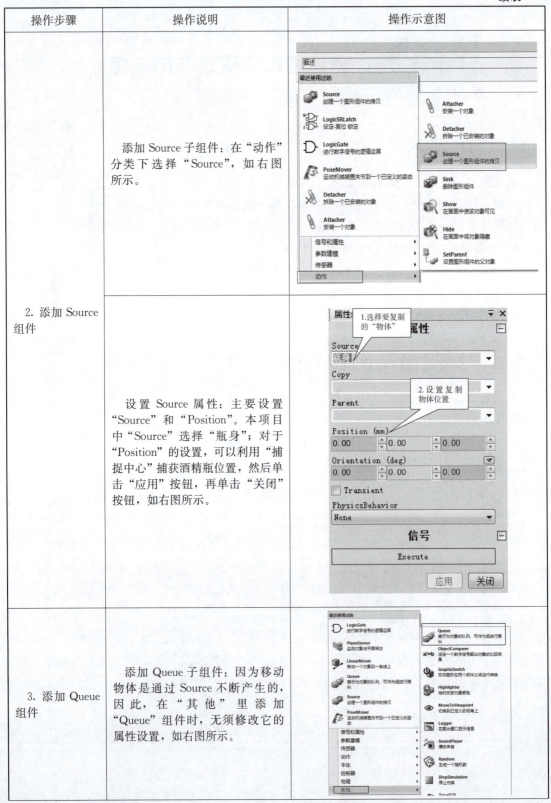

续表

操作步骤	操作说明	操作示意图
4. 添加 LinearMover 组件	添加 LinearMover 子组件：在"本体"中添加"LinearMover"组件，目的是让组件直线运动，如右图所示。	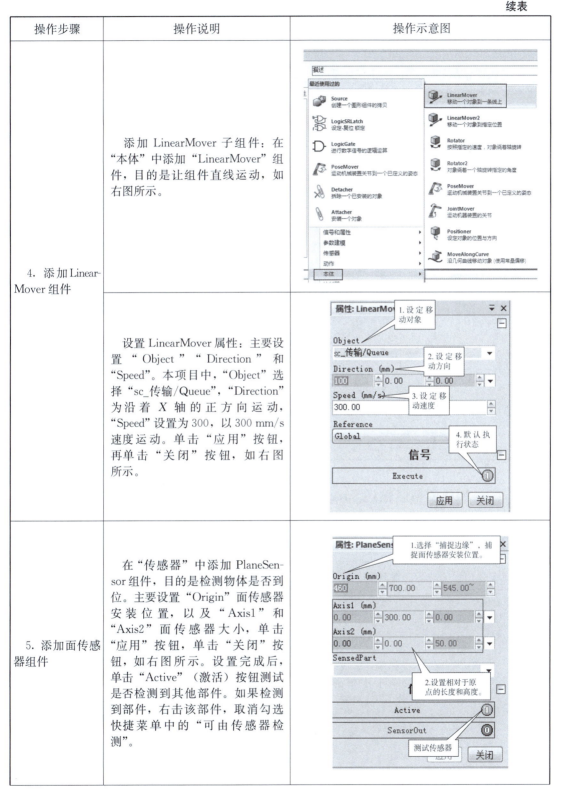
	设置 LinearMover 属性：主要设置"Object""Direction"和"Speed"。本项目中，"Object"选择"sc_传输/Queue"，"Direction"为沿着 X 轴的正方向运动，"Speed"设置为 300，以 300 mm/s 速度运动。单击"应用"按钮，再单击"关闭"按钮，如右图所示。	
5. 添加面传感器组件	在"传感器"中添加 PlaneSensor 组件，目的是检测物体是否到位。主要设置"Origin"面传感器安装位置，以及"Axis1"和"Axis2"面传感器大小，单击"应用"按钮，单击"关闭"按钮，如右图所示。设置完成后，单击"Active"（激活）按钮测试是否检测到其他部件。如果检测到部件，右击该部件，取消勾选快捷菜单中的"可由传感器检测"。	

续表

操作步骤	操作说明	操作示意图
6. 添加 Pose-Mover 子组件	在"本体"分类下选择"PoseMover",本项目添加两个 PoseMover 子组件。 夹具用于固定酒精瓶,PoseMover[张开]的设置如右图所示,"Mechanism"选择"bottleFixed","Pose"选择"张开","Duration"选择"1.0"。 PoseMover[闭合]设置如右图所示,"Mechanism"选择"bottleFixed","Pose"选择"闭合","Duration"选择"1.0"。	
7. 添加 LogicGate 子组件	在"信号和属性"分类下选择"LogicGate"。 在"属性"对话框中主要设置"Operator"为"NOT",然后单击"应用"按钮,再单击"关闭"按钮,如右图所示。	

6.2.2 创建酒精瓶输送 Smart 组件的属性与连接

根据酒精瓶在输送链上源源不断产生酒精瓶的动态效果,创建属性与连接关系,见表6-5。

属性和连接

表 6-5 sc_传输的属性与连接

操作步骤	操作说明	操作示意图
Source、Queue 的属性连接关系	在"sc_传输"窗口的"属性与连接"选项卡中单击"添加连接",在弹出的对话框中设置"Source"的"Copy"与"Queue"的"Back"关联,如右图所示。	

138

6.2.3 创建 sc_抓取的信号和连接

根据酒精瓶传输动作与输入/输出信号的关系，创建 I/O 连接关系，见表 6－6。

表 6－6　sc_传输 I/O 连接关系

操作步骤	操作说明	操作示意图
1. 创建 sc_抓取的 I/O 信号	在"sc_传输"窗口的"信号和连接"选项卡下，单击"添加 I/O Signals"，创建输入信号、输出信号。 首先创建一个输入信号，修改信号类型为"DigitalInput"、信号名称为"di_start"，然后单击"确定"按钮，如右图所示。	
	创建一个输出信号，修改信号类型为"DigitalOutput"、信号名称为"do_daowei"，然后单击"确定"按钮，如右图所示。	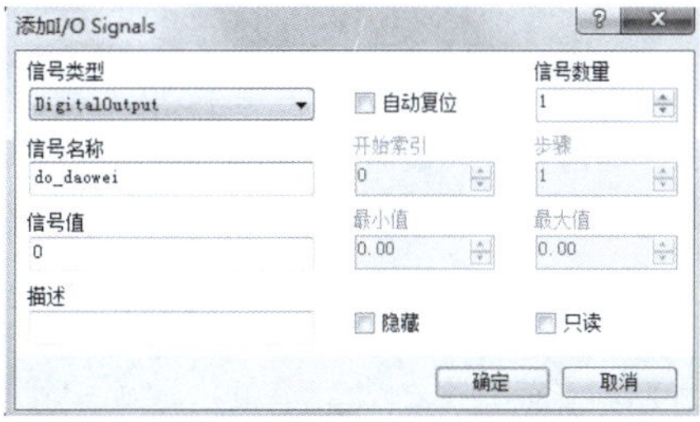
2. 创建 sc_抓取的 I/O 连接	在"sc_抓取"窗口的"信号和连接"选项卡下，单击"添加 I/O Connection"，创建 I/O 信号和子组件间的连接关系。 添加"sc_传输"的"di_start"与"Source"的"Execute"关联，单击"确定"按钮，如右图所示。	
	添加"Source"的"Executed"与"Queue"的"Enqueue"关联，单击"确定"按钮，如右图所示。	
	添加"PlaneSensor"的"SensorOut"与"Queue"的"Dequeue"关联，单击"确定"按钮，如右图所示。	

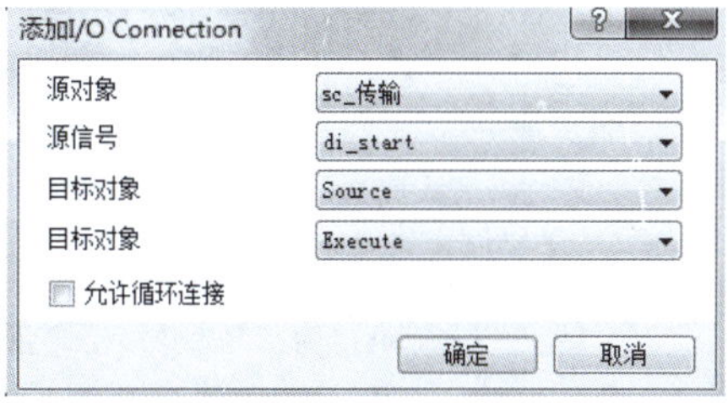

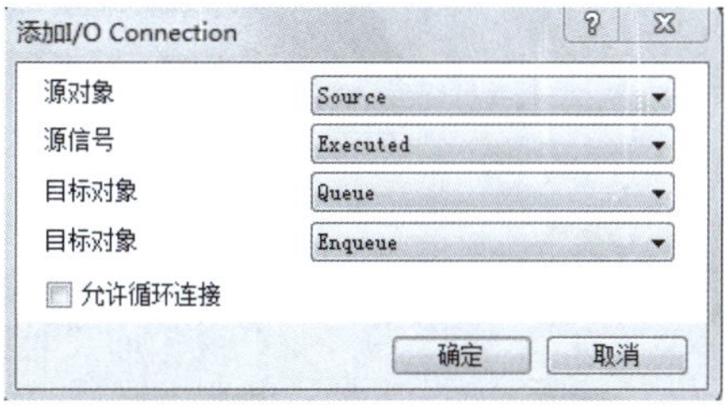

139

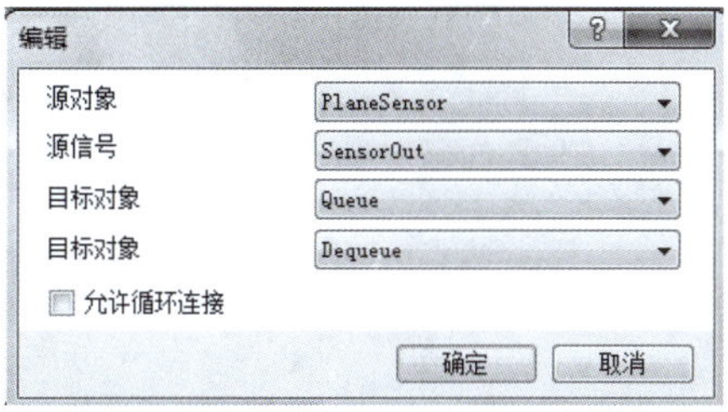

续表

操作步骤	操作说明	操作示意图
2. 创建 sc_抓取的 I/O 连接	添加"PlaneSensor"的"SensorOut"与"PoseMover_2 [闭合]"的"Execute"关联，单击"确定"按钮，如右图所示。	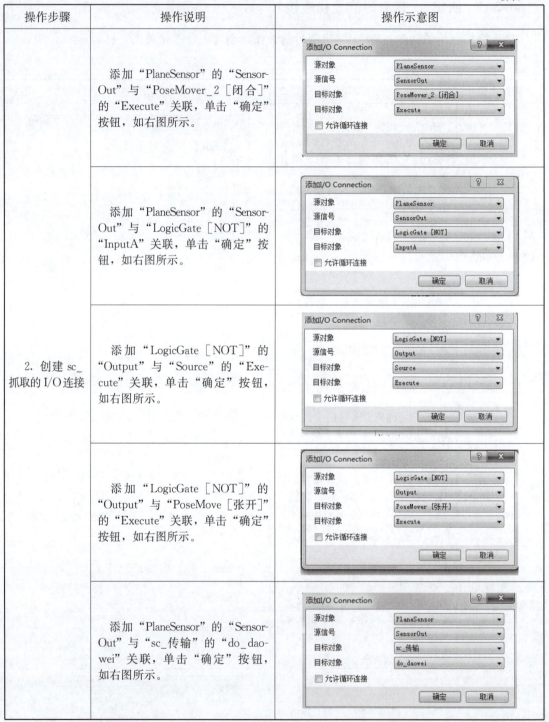
	添加"PlaneSensor"的"SensorOut"与"LogicGate [NOT]"的"InputA"关联，单击"确定"按钮，如右图所示。	
	添加"LogicGate [NOT]"的"Output"与"Source"的"Execute"关联，单击"确定"按钮，如右图所示。	
	添加"LogicGate [NOT]"的"Output"与"PoseMove [张开]"的"Execute"关联，单击"确定"按钮，如右图所示。	
	添加"PlaneSensor"的"SensorOut"与"sc_传输"的"do_daowei"关联，单击"确定"按钮，如右图所示。	

项目六 工业机器人酒精瓶装配工作站

任务三　酒精瓶装配工作站离线编程

任务分析

运用 Smart 组件完成酒精瓶传输、装配等动态效果后，需要与工业机器人进行关联，通过对工业机器人离线编程，实现酒精瓶装配和包装。通过本任务学习，重点掌握以下内容：

1. 理解 Smart 组件与机器人系统之间工作站的逻辑关系；
2. 掌握 RAPID 程序流程控制语言；
3. 根据任务要求完成酒精瓶装配程序调试。

任务分析

任务实施

6.3.1　Smart 组件和工业机器人信号连接

本任务通过创建工业机器人 I/O 信号，与 Smart 组件的 I/O 信号进行关联，以便系统进行联调。操作步骤见表 6—7。

任务实施

表 6—7　Smart 组件和工业机器人信号连接

操作步骤	操作说明	操作示意图
1. 创建机器人 I/O 信号	在"控制器"选项卡下，单击"配置编辑器"的"I/O System"选项，如右图（a）所示。在弹出的菜单栏中，右击"Signal"，设置信号，如右图（b）所示。本项目需创建 2 个数字输出信号 do_zhua、do_pei 和 1 个数字输入信号 di_daowei，创建完成后，重启虚拟控制器即可生效。	（a）创建信号 （b）设置信号

141

续表

操作步骤	操作说明	操作示意图
2. 建立工作站逻辑	在"仿真"选项卡下,单击"工作站逻辑"按钮,如右图(a)所示。在弹出的对话框中,选择"信号和连接"选项卡,单击"添加 I/O Connection",创建 Smart 组件和机器人间的 I/O 关系,如右图(b)所示。 本项目其他 Smart 组件和机器人之间的 I/O 信号间的连接关系如右图所示。	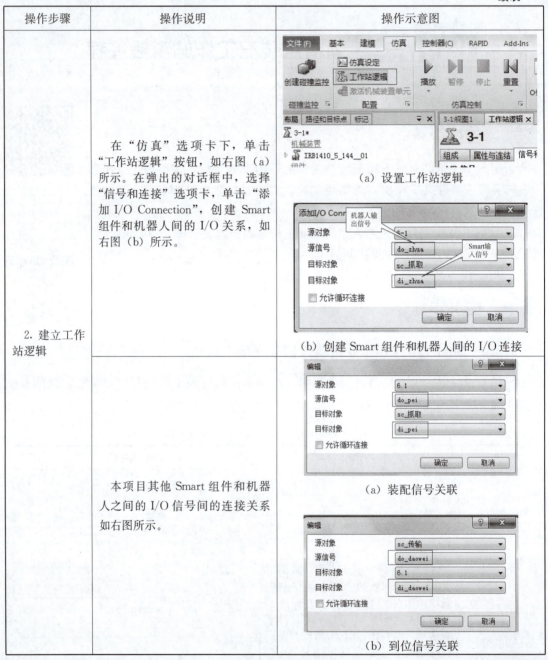 (a) 设置工作站逻辑 (b) 创建 Smart 组件和机器人间的 I/O 连接 (a) 装配信号关联 (b) 到位信号关联

6.3.2 流程控制指令

1. 重复执行判断指令 FOR

FOR 主要用于指令需要重复执行的情况。语法格式为:
FOR 表达式1(循环变量) FROM 表达式2(循环起点) TO 表达式3(循环终点) STEP 表达式4(步长) DO 循环体语句 ENDFOR

FOR 循环

①步长（STEP）为可选变量，表示循环变量每次的增量。
②FOR 循环中，步长的作用是使循环趋于结束，默认为 1。也可以在可选变量中设置步长值。
例如：
MoveL p10；
FOR I FROM 1 TO 3 DO
MoveJ p20；
MoveJ p10；
ENDFOR；
程序说明：变量 I 从 1（循环起点）开始，运行完 DO 后，循环体语句就加 1，一直加到 3（循环终点），结束循环。

2. 条件判断指令 WHILE
WHILE 用于在给定条件满足的情况下，一直重复执行对应的指令。
注意：循环体应有使循环趋向结束的语句，否则，循环将永远反复执行，成为死循环。一般在循环体内添加 reg1：＝reg1＋1 语句使循环趋向结束。
例如：
reg1：＝0；
　MoveL p10；
　WHILE reg1＜3 DO
　　MoveL p20；
　　MoveL p10；
　　reg1：＝reg1＋1；
　ENDWHILE；
程序说明：reg1 从初始值 0 开始，每运行 DO 后，循环体语句变量 reg1 就加 1，当reg1＜3 时，结束循环。

3. GOTO 语句
GOTO 语句是程序内的无条件跳转语句，程序执行到 GOTO 时，直接跳转到 GOTO 后面标签位置继续执行。GOTO 语句不能跳转到循环语句中。
标签用于指示程序位置，与 GOTO 配合使用。
例如：
　　aa：
　　i：＝i＋1；
　　…
　　GOTO aa；
程序说明：当运行至 GOTO 语句时，无条件跳转到标签 aa 位置处继续运行。

6.3.3 等待指令

1. 数字输入信号判断指令 WaitDI
数字输入信号判断指令 WaitDI 用于判断数字输入信号的值是否与目标一致。

例如：WaitDI di0,1；

说明：程序执行此指令时，等待 di0 的值为 1。如果 di0 的值为 1，则程序继续往下执行；如果达到最大等待时间 300 s（此时间可根据实际进行设定）后，di0 的值还不为 1，则机器人报警或进入出错程序。

2. 数字输出信号判断指令 WaitDO

数字输出信号判断指令 WaitDO 用于判断数字输出信号的值是否与目标一致。

例如：WaitDO do0,1；

说明：程序执行此指令时，等待 do0 的值为 1。如果 do0 的值为 1，则程序继续往下执行；如果到达最大等待时间 300 s（此时间可根据实际进行设定）后，do0 的值还不为 1，则机器人报警或进入出错程序。

3. 信号判断指令 WaitUntil

信号判断指令 WaitUntil 可用于布尔量、数值量和 I/O 信号值的判断，如果条件到达指令中的设定值，程序继续往下执行；否则，就一直等待，除非设定了最大等待时间。

例如：

WaitUntil di1＝1；	等待 I/O 信号 di1 变为 1
WaitUntil do1＝1；	等待 I/O 信号 do1 变为 1
WaitUntil tlag1＝TRUE；	等待布尔量 tlag1 变为 TRUE
WaitUntil num＞2；	等待数值量 num 大于 2

说明：

①WaitUntil di1＝1 等价于 WaitDI di1,1。

②WaitUntil do1＝1 等价于 WaitDO do1,1。

③等待类指令可以看作一种判断指令。

④如果超过最大等待时间（默认 300 ms），则报警或出现出错提示，最大等待时间可自由设定。

⑤如果 I/O 类指令前有运动指令，其最后一条的转弯数据 Z 必须设置为 fine；否则，置位（复位）会提前。

6.3.4 其他常用指令

1. 赋值指令"：＝"

赋值指令"：＝"用于对程序数据进行赋值。左边必须是单个变量，右边的赋值可以是一个常量或数学表达式。变量数据类型可以是布尔型变量，也可以是数值型变量。

例如：reg1：＝5；　　　常量赋值

reg2：＝reg2＋1；　　数学表达式赋值

2. 时间等待指令 WaitTime

时间等待指令 WaitTime 用于程序在等待一个指定的时间以后，再继续向下执行。

3. 调用例行程序指令 ProcCall

通过使用此指令，在指定位置调用例行程序。

程序调用的目的是将复杂的大问题分解成若干个小问题，对每一个小问题进行解决。

调用其他程序的程序叫主程序，被调用的程序叫子程序。ABB 机器人有一个最大的主程序，叫 main。通常所说的主程序指的就是 main。

程序嵌套调用是指某个被调用的程序中也可以调用其他程序。嵌套的层数没有限制。

4. 返回例行程序指令 RETURN

当此指令被执行时，则马上结束本例行程序的执行，返回程序指针到调用此例行程序的位置。

5. 中断程序

在 RAPID 程序执行过程中，如果出现需要紧急处理的情况，机器人会中断当前的执行，程序指针 PP 马上跳转到专门的程序中对紧急的情况进行相应的处理。处理结束后，程序指针 PP 返回到原来被中断的地方，继续往下执行程序。这种专门用来处理紧急情况的专门程序称作中断程序（TRAP）。

中断程序经常会用于程序出错处理或对外部信号实时响应要求高的场合。

• IDelete：取消中断连接

格式：IDelete 中断标识符

应用：将中断标识符与中断程序的连接解除，如果需要再次使用该中断标识符，需要重新用 connect 连接。这就是为什么要把它写在 connect 前面。

说明：在以下情况下，中断连接将自动清除。

①重新载入新的程序。

②程序被重置，即程序指针回到 main 程序第一行。

③程序指针被移到任意一个例行程序的第一行。

• ISignalDI：触发中断

格式：ISignalDI 信号名 信号值 中断标识符

应用：启用时，中断程序被触发一次后失效；不启用时，中断功能持续有效，只有在程序重置或运行 IDelete 后失效。

说明：

①中断数据（中断标识符）的类型必须为变量。

②一个中断标识符不能连接多个中断程序，除非用 IDelete 将原连接去除。

③一个中断程序可以和多个中断标识符连接。

常见报错提示说明：

ERR—UNKINO：无法找到当前的中断标识符。

ERR—ALRDYCNT：中断标识符已经被连接到中断程序。

ERR—CNTNOTVAR：中断标识符不是变量。

ERR—INOMAX：没有更多的中断标识符可以使用。

• ITimer：定时触发中断

格式：ITimer[\single] 定时时间 中断标识符

应用：定时触发中断，常用于采样。

例：Connect i1 with zhongduan;

　　　ITimer 3 i1;

• ISleep：使中断失效

格式：ISleep 中断标识符

应用：使中断标识符暂时失效，直到执行 IWatch 指令才恢复。

- IWatch：激活中断

格式：IWatch 中断标识符

应用：将已经失效的中断标识符激活，常与 ISleep 搭配使用。

- IDisable：关闭中断

格式：IDisable

应用：使中断功能暂时关闭，直到执行 IEnable，才能进入中断处理程序。此指令用于机器人正在执行不希望被打断的操作期间。

- IEnable：打开中断

格式：IEnable

应用：将被 IDisable 关闭的中断打开。

6.3.5 酒精瓶装配工作站离线编程

酒精瓶装配工作站离线编程，不仅需综合应用前面所学知识，而且能自学部分 RAPID 编程语言，才能将程序编写最优化。

首先设置好编程环境（如工具坐标、工件坐标），可以采用中断方式实现，也可以通过带参数子程序完成。本项目采用带参数子程序完成，部分参考程序如下：

```
PROC main( )
        MoveAbsJ P_Home\NoEOffs，v1000，fine，tool0；
        Reset start；
        WaitTime 2；
        Set start；
        FOR i FROM 0 TO 1 DO
            FOR j FROM 0 TO 4 DO
                woke；
                stack i，j；
        ENDFOR
        ENDFOR
        Reset start；
        Reset tools；
        MoveAbsJ P_Home\NoEOffs，v1000，fine，tool0；
ENDPROC
PROC revolve(num value)
    ppp := CJointT( )；
    ppp.robax.rax_6 := ppp.robax.rax_6 + value；
    MoveAbsJ ppp\NoEOffs，v1000，fine，tool0；
```

ENDPROC
PROC stack(num X,num Y)
　　MoveJ Offs(Point_3,(-120*X),(-65*Y),150),v1000,fine,tool0;
　　MoveL Offs(Point_3,(-120*X),(-65*Y),0),v1000,fine,tool0;
　　Reset tools;
　　WaitTime 1;
　　MoveL Offs(Point_3,(-120 * X),(-65 * Y),150),v1000,fine,tool0;
　　MoveAbsJ P_Home\NoEOffs,v1000,fine,tool0;
ENDPROC
PROC woke( )
　　　Reset tools;
　　　WaitTime 1;
　　　MoveJ Offs(Point_1,0,0,200),v1000,fine,tool0;
　　　MoveL Point_1,v500,fine,tool0;
　　　WaitTime 1;
　　　Set tools;
　　　WaitTime 1;
　　　MoveL Offs(Point_1,0,0,200),v1000,fine,tool0;
　　　MoveAbsJ P_Home\NoEOffs,v1000,fine,tool0;
　　　WaitDI ready_get,1;
　　　Reset fixed_open;
　　　Set fixed_close;
　　　WaitTime 1;
　　　MoveJ Offs(Point_2,0,0,200),v1000,fine,tool0;
　　　MoveL Point_2,v500,fine,tool0;
　　　revolve 180;
　　　WaitTime 2;
　　　Reset fixed_close;
　　　Set fixed_open;
　　　WaitTime 1;
　　　MoveL Offs(Point_2,0,0,200),v500,fine,tool0;
　　　MoveAbsJ P_Home\NoEOffs,v1000,fine,tool0;
ENDPROC

任务考核表

本项目任务考核见表 6-8。

表 6-8 任务考核表

任务名称		工业机器人酒精瓶装配工作站			
姓名			学号		
小组成员					
内容	考核要点	考核标准	配分	评价结果	
				自评	教师
职业素养	信息检索	能有效利用网络、图书资源查找有用的信息等；能将查到的信息有效地传递到工作中	10		
	参与态度	积极主动与教师、同学交流，相互尊重、理解、平等；与教师、同学之间能够保持多向、丰富、适宜的信息交流	10		
		能处理好合作学习和独立思考的关系，做到有效学习；能提出有意义的问题或能发表个人见解	10		
专业技能	酒精瓶装配工作站创建及调试	抓取 Smart 组件的创建与调试	10		
		酒精瓶输送 Smart 组件的创建与调试	10		
		Smart 组件和工业机器人的通信连接	10		
		酒精瓶装配路径规划	10		
		酒精瓶装配工作站联调	15		
	安全与素养考核	工位保持清洁	5		
		着装规范、整洁，佩戴安全帽	5		
		操作规范，爱护设备	5		
总结反馈建议					

  拓展阅读

从"小 i 机器人与苹果八年官司"学知识产权

新闻事件：2012 年，小 i 机器人起诉苹果公司的 Siri 智能语音侵犯其专利，但苹果公司认为小 i 机器人的专利无效，并且借力把小 i 机器人的产权给反诉了，之后这场官司一直拖到了 2020 年，终于有了最终判决：小 i 机器人的专利产权生效，并且苹果公司赔偿近 100 亿元。

从这则新闻可以看到，专利制度保护了在市场、规模、资源、成本方面处于弱势的小公司的发展。小 i 之所以能与苹果公司抗衡，得益于很强的知识产权保护意识。知识产权保护一旦发挥作用，其威力也巨大，小 i 索赔金额高达 100 亿元人民币。

1. 知识产权

2021 年 1 月 1 日实施的《民法典》的第一百二十三条规定："民事主体依法享有知识产

权。知识产权是权利人依法就下列客体享有的专有的权利：（一）作品；（二）发明、实用新型、外观设计；（三）商标；（四）地理标志；（五）商业秘密；（六）集成电路布图设计；（七）植物新品种；（八）法律规定的其他客体。"

国家规定，版权只持续到著作者离世 50 年后，发明专利只持续到申请日起 20 年时间。

2. 权力类型

（1）著作权定义

著作权，是指自然人、法人或者其他组织对文学、艺术和科学作品享有的财产权利和精神权利的总称。在我国，著作权即指版权。广义的著作权还包括邻接权，我国《著作权法》称之为"与著作权有关的权利"。

（2）专利权定义

专利权，是指国家根据发明人或设计人的申请，以向社会公开发明创造的内容，以及发明创造对社会具有符合法律规定的利益为前提，根据法定程序在一定期限内授予发明人或设计人的一种排他性权利。

（3）商标权定义

商标权，是民事主体享有的在特定的商品或服务上以区分来源为目的的排他性使用特定标志的权利。商标权的取得方式包括通过使用取得商标权和通过注册取得商标权两种方式。通过注册获得商标权又称为注册商标专用权。在我国，商标注册是取得商标的基本途径。《商标法》第 3 条规定："经商标局核准注册的商标为注册商标，商标注册人享有商标专用权，受法律保护。"

资料来源：

1. 凤凰新闻：https：//ishare.ifeng.com/c/s/7yLhCXJzxNl.
2. 孔祥俊. 知识产权司法保护中的开放、创新和法治观念［J］. 人民司法，2014（11）：23.

参 考 文 献

[1] 叶晖，管小清. 工业机器人实操与应用技巧 [M]. 北京：机械工业出版社，2010.
[2] 叶晖，何智勇. 工业机器人工程应用虚拟仿真教程 [M]. 北京：机械工业出版社，2014.
[3] 北京赛育达科教有限责任公司. 工业机器人应用编程（ABB）[M]. 北京：高等教育出版社，2020.
[4] 张超，张继媛. ABB 工业机器人现场编程 [M]. 北京：机械工业出版社，2016.